▶▶ 二维码教学视频使用方法

本套丛书提供书中案例操作的二维码教学视频,读者可以使用手机微信、QQ 以及浏览器中的"扫一扫"功能,扫描本书前言中的二维码图标,即可打开本书对应的同步教学视频界面。

在教学视频界面中点击需要学习的章名,此时在弹出的下拉列表中显示该章的所有视频教学案例,点击任意一个案例名称,即可进入该案例的视频教学界面。

点击案例视频播放界面右下角的按钮,可以打开视频教学的横屏观看模式。

[配套资源使用说明]

▶▶ 电脑端资源使用方法

　　本套丛书配套的素材文件、电子课件、扩展教学视频以及云视频教学平台等资源，可通过在电脑端的浏览器中下载后使用。读者可以登录本丛书的信息支持网站（http://www.tupwk.com.cn/teaching）下载图书对应的相关资源。

　　读者下载配套资源压缩包后，可在电脑中对该文件解压缩，然后双击名为 Play 的可执行文件进行播放。

▶▶ 扩展教学视频&素材文件

▶▶ 云视频教学平台

▶ 竖排文本

▶ 定义项目符号

▶ 使用样式

▶ 带圈字符

▶ 插入艺术字

▶ 设置艺术字

▶ 新建模板文档

▶ 设计宣传文档

[Word 2016文档处理案例教程]

▶ 学生简报

▶ 中文信封

▶ 旅游小报

▶ 图文混排文档

▶ 制作宣传单

▶ 售后服务保障卡

▶ 茶饮宣传单

▶ 地产宣传单

计算机应用案例教程系列

Word 2016 文档处理
案例教程

何海燕　　张亚娟　　曾亚平　　曾嵘娟◎编著

清华大学出版社

北京

内 容 简 介

本书以通俗易懂的语言、翔实生动的案例全面介绍使用 Word 2016 进行文档处理的操作方法和技巧。全书共分 12 章，内容涵盖了 Word 2016 入门基础，Word 文本的输入和编辑，设置文本和段落，插入表格，插入修饰对象，设置页面版式，使用其他排版功能，编排 Word 长文档，使用宏、域和公式，Word 文档的网络应用，文档的保护、转换与打印，Word 综合案例应用等。

书中同步的案例操作二维码教学视频可供读者随时扫码学习。本书还提供配套的素材文件、与内容相关的扩展教学视频以及云视频教学平台等资源的电脑端下载地址，方便读者扩展学习。本书具有很强的实用性和可操作性，是一本适合于高等院校及各类社会培训学校的优秀教材，也是广大初、中级计算机用户的首选参考书。

本书对应的电子课件及其他配套资源可以到 http://www.tupwk.com.cn/teaching 网站下载。

图书在版编目(CIP)数据

Word 2016 文档处理案例教程 / 何海燕 等编著. —北京：清华大学出版社，2019（2022.9 重印）
(计算机应用案例教程系列)
ISBN 978-7-302-52603-2

I. ①W… II. ①何… III. ①文字处理系统—教材 IV. ①TP391.12

中国版本图书馆 CIP 数据核字(2019)第 044593 号

责任编辑：胡辰浩
封面设计：孔祥峰
版式设计：妙思品位
责任校对：牛艳敏
责任印制：曹婉颖

出版发行：清华大学出版社
        网   址：http://www.tup.com.cn，http://www.wqbook.com
        地   址：北京清华大学学研大厦 A 座   邮   编：100084
        社 总 机：010-83470000   邮   购：010-62786544
        投稿与读者服务：010-62776969，c-service@tup.tsinghua.edu.cn
        质 量 反 馈：010-62772015，zhiliang@tup.tsinghua.edu.cn
印 装 者：三河市龙大印装有限公司
经   销：全国新华书店
开   本：185mm×260mm   **印   张：**18.75   **彩   插：**2   **字   数：**480 千字
版   次：2019 年 4 月第 1 版   **印   次：**2022 年 9 月第 6 次印刷
定   价：69.00 元

产品编号：076399-02

前言

熟练使用计算机已经成为当今社会不同年龄层次的人群必须掌握的一门技能。为了使读者在短时间内轻松掌握计算机各方面应用的基本知识，并快速解决生活和工作中遇到的各种问题，清华大学出版社组织了一批教学精英和业内专家特别为计算机学习用户量身定制了这套"计算机应用案例教程系列"丛书。

丛书、二维码教学视频和配套资源

➤ 选题新颖，结构合理，内容精炼实用，为计算机教学量身打造

本套丛书注重理论知识与实践操作的紧密结合，同时贯彻"理论+实例+实战"3 阶段教学模式，在内容选择、结构安排上更加符合读者的认知习惯，从而达到老师易教、学生易学的目的。丛书采用双栏紧排的格式，合理安排图与文字的占用空间，在有限的篇幅内为读者奉献更多的计算机知识和实战案例。丛书完全以高等院校、职业学校及各类社会培训学校的教学需要为出发点，紧密结合学科的教学特点，由浅入深地安排章节内容，循序渐进地完成各种复杂知识的讲解，使学生能够一学就会、即学即用。

➤ 教学视频，一扫就看，配套资源丰富，全方位扩展知识能力

本套丛书提供书中案例操作的二维码教学视频，读者可以使用手机微信、QQ 以及浏览器中的"扫一扫"功能，扫描下方的二维码，即可观看本书对应的同步教学视频。此外，本书配套的素材文件、与本书内容相关的扩展教学视频以及云视频教学平台等资源，可通过在电脑端的浏览器中下载后使用。

(1) 本书配套素材和扩展教学视频文件的下载地址。

http://www.tupwk.com.cn/teaching

(2) 本书同步教学视频的二维码。

扫一扫，看视频

本书微信服务号

➤ 在线服务，疑难解答，贴心周到，方便老师定制教学教案

本套丛书精心创建的技术交流 QQ 群(101617400、2463548)为读者提供 24 小时便捷的在线交流服务和免费教学资源。便捷的教材专用通道(QQ：22800898)为老师量身定制实用的教学课件。老师也可以登录本丛书的信息支持网站(http://www.tupwk.com.cn/teaching)下载图书对应的电子课件。

本书内容介绍

《Word 2016 文档处理案例教程》是这套丛书中的一本，该书从读者的学习兴趣和实际需求出发，合理安排知识结构，由浅入深、循序渐进，通过图文并茂的方式讲解 Word 2016 文档处理的基础知识和操作方法。全书共分 12 章，主要内容如下。

第 1 章：介绍 Word 2016 入门基础相关内容。

第 2 章：介绍 Word 文本输入和编辑的操作方法和技巧。

第 3 章：介绍设置文本和段落的方法和技巧。

第 4 章：介绍在 Word 中插入表格的方法和技巧。

第 5 章：介绍插入修饰对象的方法和技巧。

第 6 章：介绍设置页面版式的方法和技巧。

第 7 章：介绍使用其他排版功能。

第 8 章：介绍编排 Word 长文档的方法和技巧。

第 9 章：介绍使用宏、域和公式的操作方法和技巧。

第 10 章：介绍 Word 文档的网络应用操作方法和技巧。

第 11 章：介绍文档的保护、转换与打印的操作方法。

第 12 章：介绍 Word 2016 综合案例应用。

读者定位和售后服务

本套丛书为所有从事计算机教学的老师和自学人员而编写，是一套适合于高等院校及各类社会培训学校的优秀教材，也可作为计算机初中级用户的首选参考书。

如果您在阅读图书或使用电脑的过程中有疑惑或需要帮助，可以登录本丛书的信息支持网站(http://www.tupwk.com.cn/teaching)或通过 E-mail(wkservice@vip.163.com)联系，本丛书的作者或技术人员会提供相应的技术支持。

全书共 12 章，湖南高速铁路职业技术学院的何海燕编写了第 2、6、12 章，张亚娟编写了第 1、3、7 章，曾亚平编写了第 4、9、10 章，曾嵘娟编写了第 5、8、11 章。由于作者水平所限，本书难免有不足之处，欢迎广大读者批评指正。我们的邮箱是 huchenhao@263.net，电话是 010-62796045。

《计算机应用案例教程系列》丛书编委会

2018 年 12 月

目录

第 12 章　Word 综合案例应用

第1章

Word 2016 入门基础

　　Word 2016 是美国 Microsoft 公司推出的最新版本的文字编辑处理软件，是 Office 2016 套件中的一个组件，可以方便地进行文字、图形、图像和数据处理，是最常使用的文档处理软件之一。本章将介绍安装和运行 Word 2016 的操作方法，以及软件的工作界面和基本文档操作。

本章对应视频

1.1 Word 2016 的安装和运行

Word 2016 功能非常强大，它既能够制作各种简单的办公商务和个人文档，又能满足专业人员制作用于印刷的版式复杂的文档。要使用 Word 2016 进行文档处理，首先需要在电脑上安装这款软件。

1.1.1 Word 2016 功能简介

Word 2016 是一款功能强大的文档处理软件。使用 Word 2016 来处理文件，大大提高了企业办公自动化的效率。

Word 2016 主要有以下几种办公应用。

➤ 文字处理功能：Word 2016 是一个功能强大的文字处理软件，利用它可以输入文字，并可为文字设置不同的字体样式和大小。

➤ 表格制作功能：Word 2016 不仅能处理文字，还能制作各种表格，使文字内容更加清晰。

➤ 文档组织功能：在 Word 2016 中可以建立任意长度的文档，还能对长文档进行各种编辑管理。

➤ 图形图像处理功能：在 Word 2016 中可以插入图形图像，例如文本框、艺术字和图表等，制作出图文并茂的文档。

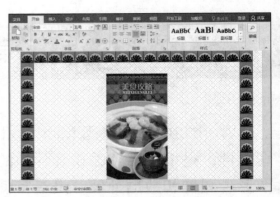

➤ 页面设置及打印功能：在 Word 2016 中可以设置出各种大小不一的版式，以满足不同用户的需求。使用打印功能可轻松地将电子文本转换到纸上。

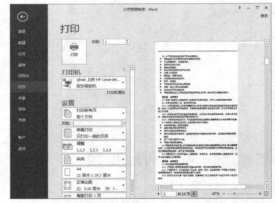

比较以前的 Word 版本，Word 2016 还多了一些新的功能。

➤ 搜索框：不熟悉 Word 的用户有什么问题解决不了再也不用去百度找答案了，在搜索框中输入想要解答的关键字。比如，要显示标尺，直接在文本框内输入"标尺"，将弹出下拉菜单，可以选择显示标尺、获取有关的帮助，以及联网搜索有关标尺的内容等。

▶ 协作编辑：在 Word 2016 中，可以实现实时的多人协作编辑，在协作编辑过程中，其他人输入的内容能够实时地显示出来，用户可以打开【选项】对话框，在【实时协作选项】组中选择和他人共享编辑更改选项。

▶ 新的色彩主题：Office 2016 增加了新的色彩主题，不过没有大变化。Word 2016 拥有彩色、深灰色、白色主题，其中彩色是默认的，在【选项】对话框中可以设置。

1.1.2 安装 Word 2016

Word 2016 属于 Office 软件的主要组件之一，所以要安装 Word 2016 只需在安装 Office 2016 软件时选择安装这个组件即可。

安装 Word 2016 时，首先需要获取相关的安装程序，以 Office 2016 为例，用户可以通过在网上下载或者购买安装光盘的方法获取安装程序。下面将以具体实例来介绍安装 Word 2016 的方法。

【例 1-1】通过安装 Office 2016 软件来添加 Word 2016 组件。 ●视频

step 1 在桌面上打开【此电脑】窗口，找到 Office 2016 安装文件所在目录，双击其中的【Setup.exe】文件，开始进行安装。

实用技巧

网上下载的 Office 2016 一般是虚拟光盘格式，需要安装虚拟光驱。

step 2 此时系统自动安装 Office 2016 全系列组件。

step 3 安装完毕后单击【关闭】按钮即可。

1.1.3 启动和退出 Word 2016

使用 Word 2016 之前，需要先启动软件，启动是使用 Word 2016 最基本的操作。下面将介绍启动 Word 2016 的几种常用方法。

▷ 从【开始】菜单启动：启动 Windows 10 后，打开【开始】菜单，选择【Word 2016】选项，启动 Word 2016。

▷ 通过桌面快捷方式启动：当 Word 2016 安装完后，桌面上将自动创建 Word 2016 快捷图标。双击该快捷图标，就可以启动 Word 2016。

▷ 通过 Word 文档启动：双击后缀名为.docx 的文件，即可打开该文档，启动 Word 2016 应用程序。

退出 Word 2016 有很多方法，常用的主要有以下几种。

▷ 单击 Word 2016 窗口右上角的【关闭】按钮█。

▷ 选择【文件】|【关闭】命令。

▷ 按 Alt+F4 快捷键。

▷ 右击标题栏，从弹出的菜单中选择【关闭】命令。

1.2 Word 2016 的工作界面

Word 2016 的工作界面在 Word 2013 版本的基础上，又进行了一些优化。它将所有的操作命令都集成到功能区中不同的选项卡下，各选项卡又分成若干组，用户在功能区中可方便地使用 Word 的各种功能。

1.2.1 Word 2016 主界面

启动 Word 2016 后，桌面上就会出现 Word 2016 的工作界面。该界面主要由标题栏、快速访问工具栏、功能区、文档编辑区和状态栏等组成。

▶ 标题栏：标题栏位于窗口的顶端，用于显示当前正在运行的程序名及文件名等信息。标题栏最右端有 3 个按钮，分别用来控制窗口的最小化、最大化和关闭，此外还有一个【功能区显示选项】按钮，单击该按钮可以选择显示或隐藏功能区。在按钮下方有搜索框，以及用来登录 Microsoft 账号和共享文件的按钮。

▶ 快速访问工具栏：快速访问工具栏中包含最常用操作的快捷按钮，方便用户使用。在默认状态下，快速访问工具栏中包含 3 个快捷按钮，分别为【保存】按钮、【撤销】按钮和【恢复】按钮以及旁边的下拉按钮。

▶ 功能区：在 Word 2016 中，功能区是完成文本格式操作的主要区域。在默认状态下，功能区主要包含【开始】【插入】【设计】【布局】【引用】【邮件】【审阅】【视图】【开发工具】【加载项】9 个基本选项卡中的工具按钮。

▶ 文档编辑区：文档编辑区是用户输入和编排文档内容的区域。打开 Word 时，编辑区是空白的，只有一个闪烁的光标(即插入点)，用于定位即将要输入文字的位置。当文档编辑区中不能显示文档的所有内容时，在

其右侧或底部自动出现滚动条，通过拖动滚动条可显示其他内容。默认情况下，文档编辑区不显示标尺和制表符。打开【视图】选项卡，在功能区的【显示】组中选中【标尺】复选框，即可在文档编辑区中显示标尺和制表符。标尺常用于对齐文档中的文本、图形、表格或者其他元素。制表符用于选择不同的制表位，如左对齐式制表位、首行缩进、左缩进和右缩进等。

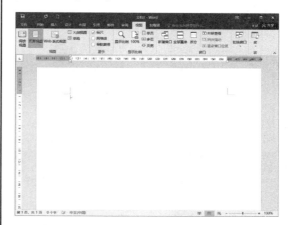

▶ 状态栏：状态栏位于 Word 窗口的底部，显示了当前文档的信息，如当前显示的文档是第几页、第几节和当前文档的字数等。在状态栏中还可以显示一些特定命令的工作状态。状态栏中间有视图按钮，用于切换文档的视图方式。另外，通过拖动右侧的【显示比例】中的滑块，可以直观地改变文档编辑区的大小。

1.2.2 Word 2016 的视图模式

在对文档进行编辑时，由于编辑的着重点不同，则可以选择不同的视图方式进行编辑，以便更好地完成工作。Word 2016 提供了 5 种文档显示的方式，即页面视图、阅读视图、Web 版式视图、大纲视图和草稿视图。

▶ 页面视图：页面视图是 Word 默认的视图模式，该视图中显示的效果和打印的效果完全一致。在页面视图中可看到页眉、页脚、水印和图形等各种对象在页面中的实际打印位置，便于用户对页面中的各种元素进行编辑。

知识点滴

在页面视图模式中，页与页之间具有一定的分界区域，双击该区域，即可将页与页相连显示。

▶ 阅读视图：为了方便用户阅读文章，Word 设置了【阅读视图】模式，该视图模式比较适用于阅读比较长的文档，如果文字较多，它会自动分成多屏以方便用户阅读。在该视图模式中，可对文字进行勾画和批注。

▶ Web 版式视图：Web 版式视图是几种视图方式中唯一一个按照窗口的大小来显示文本的视图，使用这种视图模式查看文档时，无须拖动水平滚动条就可以查看整行文字。

▶ 大纲视图：对于一个具有多重标题的文档来说，用户可以使用大纲视图来查看该文档。这是因为大纲视图是按照文档中标题的层次来显示文档的，用户可将文档折叠起来只看主标题，也可展开文档查看全部内容。

▶ 草稿视图：草稿视图是 Word 中最简化的视图模式，在该视图中不显示页边距、页眉和页脚、背景、图形图像以及没有设置为"嵌入型"环绕方式的图片。因此这种视图模式仅适合编辑内容和格式都比较简单的文档。

1.3　设置工作环境

Word 2016 具有统一风格的界面，但为了方便用户操作，可以对软件的工作环境进行自定义设置，例如设置功能区和设置快速访问工具栏等。

1.3.1　设置功能区

Word 2016 的功能区将所有选项功能巧妙地集中在一起，以便于用户查找与使用。根据用户需要，可以在功能区中添加新选项卡和新组，并增加新组中的按钮。

【例 1-2】在 Word 2016 中添加新选项卡、新组和新按钮。 ▶视频

step **1** 启动 Word 2016，在功能区任意位置右击，从弹出的快捷菜单中选择【自定义功能区】命令。

step **2** 打开【Word 选项】对话框，打开【自定义功能区】选项卡，单击下方的【新建选项卡】按钮。

step **3** 此时，在【自定义功能区】选项组的【主选项卡】列表框中显示【新建选项卡(自定义)】和【新建组(自定义)】选项，选中【新建选项卡(自定义)】选项，单击【重命名】按钮。

step **4** 打开【重命名】对话框，在【显示名称】文本框中输入"新选项卡"，单击【确定】按钮。

step **5** 在【自定义功能区】选项组的【主选项卡】列表框中选中【新建组(自定义)】选项，单击【重命名】按钮。

step 6 打开【重命名】对话框，在【符号】列表框中选择一种符号，在【显示名称】文本框中输入"运行"，然后单击【确定】按钮。

step 7 返回【Word 选项】对话框，在【主选项卡】列表框中显示重命名后的选项卡和组，在【从下列位置选择命令】下拉列表框中选择【不在功能区中的命令】选项，并在下方的列表框中选择需要添加的按钮，这里选择【帮助】选项，单击【添加】按钮，即可将其添加到新建的【运行】组中，单击【确定】按钮，完成自定义设置。

step 8 返回 Word 2016 工作界面，此时显示【新选项卡】选项卡，打开该选项卡，即可看到【运行】组中的【帮助】按钮。

1.3.2　设置快速访问工具栏

快速访问工具栏中包含一组独立于当前所显示选项卡的命令，是一个可自定义的工具栏。用户可以快速地自定义常用的命令按钮，单击【自定义快速访问工具栏】下拉按钮，从弹出的下拉菜单中选择一种命令，即可将按钮添加到快速访问工具栏中。

【例 1-3】设置 Word 2016 快速访问工具栏。
🎬视频

step 1 启动 Word 2016，在快速访问工具栏中单击【自定义快速访问工具栏】下拉按钮，在弹出的菜单中选择【打开】命令，将【打开】按钮添加到快速访问工具栏中。

step 2 在快速访问工具栏中单击【自定义快速访问工具栏】下拉按钮，在弹出的菜单中选择【其他命令】命令，打开【Word选项】对话框。打开【快速访问工具栏】选项卡，在【从下列位置选择命令】下拉列表框中选择【常用命令】选项，并且在下面的列表框中选择【格式刷】选项，然后单击【添加】按钮，将【格式刷】按钮添加到【自定义快速访问工具栏】列表框中，单击【确定】按钮。

step 3 此时完成快速访问工具栏的设置，快速访问工具栏的效果如下图所示。

1.4 Word 文档基础操作

在使用 Word 2016 创建文档前，必须掌握文档的一些基本操作，包括新建、保存、打开和关闭文档等。只有熟悉这些基本操作后，才能更好地操控 Word 2016。

1.4.1 新建文档

Word 文档是文本、图片等对象的载体，要制作出一篇工整、漂亮的文档，首先必须创建一个新文档。

1. 新建空白文档

空白文档是指文档中没有任何内容的文档。选择【文件】按钮，在打开的界面中选择【新建】选项，打开【新建】选项区域，然后在该选项区域中单击【空白文档】选项即可创建一个空白文档。

> **知识点滴**
>
> 除此以外，启动 Word 2016 后系统会自动创建一个空白文档，在快速访问工具栏中单击新添加的【新建】按钮，或者按 Ctrl+N 组合键都可以创建空白文档。

2. 使用模板创建文档

模板是 Word 预先设置好内容格式的文档。Word 2016 中为用户提供了多种具有统一规格、统一框架的文档模板，如传真、信函和简历等。

> **【例 1-4】在 Word 2016 中利用模板创建一个【邀请函】文档。** 视频

step 1 启动 Word 2016，单击【文件】按钮，打开【文件】页面，单击【新建】按钮，打开【新建】页面。

step 2 在【新建】页面顶部的文本框中输入"邀请函"，然后按下回车键，在打开的页面中单击【婚礼邀请函】模板。打开【婚礼邀请函】对话框，单击【创建】按钮。

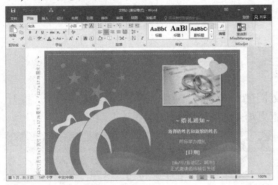

step 3 此时，Word 2016 将通过网络下载模板，并创建如下图所示的文档。

1.4.2　打开和关闭文档

打开文档是 Word 的一项基本操作，对于任何文档来说都需要先将其打开，然后才能对其进行编辑。编辑完成后，可将文档关闭。

1. 打开文档

找到文档所在的位置后，双击 Word 文档，或者右击 Word 文档，从弹出的快捷菜单中选择【打开】命令，直接打开该文档。

用户还可在一个已打开的文档中打开另外一个文档。单击【文件】按钮，选择【打开】命令，然后在打开的选项区域中选择打开文件的位置(例如选择【浏览】选项)。

打开【打开】对话框，选中需要打开的 Word 文档，并单击【打开】按钮，即可将其打开。

2. 关闭文档

当用户不需要再使用文档时，应将其关闭，常用的关闭文档的方法如下。

▶　单击标题栏右侧的【关闭】按钮 ✕ 。

▶　按 Alt+F4 组合键。

▶　单击【文件】按钮，从弹出的界面中选择【关闭】命令，关闭当前文档。

▶　右击标题栏，从弹出的快捷菜单中选择【关闭】命令。

1.4.3　保存文档

用户正在编辑某个文档时，如果出现了电脑突然死机、停电等非正常关闭的情况，文档中的信息就会丢失，因此，为了保护劳动成果，做好文档的保存工作十分重要。

在 Word 2016 中，保存文档有以下几种情况。

▶ 保存新建的文档：如果要对新建的文档进行保存，可单击【文件】按钮，在打开的页面中选择【保存】命令，或单击快速访问工具栏上的【保存】按钮█，打开【另存为】页面，选择【浏览】选项，在打开的对话框中设置文档的保存路径、名称及保存格式，然后单击【保存】按钮。

▶ 保存已保存过的文档：要对已保存过的文档进行保存，可单击【文件】按钮，在打开的页面中选择【保存】命令，或单击快速访问工具栏上的【保存】按钮█，就可以按照文档原有的路径、名称以及格式进行保存。

▶ 另存为其他文档：如果文档已保存过，但在进行了一些编辑操作后，需要将其保存下来，并且希望仍能保存以前的文档，这时就需要对文档进行另存为操作。要将当前文档另存为其他文档，可以按下 F12 键打开【另存为】对话框，在其中设置文档的保存路径、名称及保存格式，然后单击【保存】按钮即可。

保存文档时需要选择文件保存的位置及保存类型。可以在 Word 2016 中设置文件默认的保存类型及保存位置。

【例 1-5】设置 Word 2016 保存选项。🔘视频

step 1 启动 Word 2016，选择【文件】|【选项】命令。打开【Word 选项】对话框，在左侧选择【保存】选项，在右侧【保存文档】区域单击【将文件保存为此格式】后的下拉菜单按钮，选择【Word 文档(*.docx)】选项，设置该保存格式。

step 2 单击【默认本地文件位置】文本框后的【浏览】按钮。

step 3 打开【修改位置】对话框，选择文档要默认保存的文件夹位置，然后单击【确定】按钮。

step 4 返回【Word 选项】对话框，单击【确定】按钮完成设置。

1.5 获取 Word 帮助

在使用 Word 2016 处理文档时，如果遇到难以弄懂的问题，这时可以求助 Office 2016 的帮助系统。它能够帮助用户解决使用中遇到的各种问题，加快用户掌握软件的进度。

1.5.1 使用 Word 帮助系统

Office 2016 的帮助功能已经融入每一个组件中，用户只需按 F1 键，即可打开帮助窗格。下面以 Word 2016 为例，讲解如何通过帮助系统获取帮助信息。

【例 1-6】使用 Word 2016 的帮助系统获取帮助信息。◉视频

step 1 启动 Word 2016 应用程序，打开一个名为"文档 1"的空白文档。

step 2 按 F1 键，打开帮助窗口，单击【更多...】链接。这里需要注意的是，使用 Word 帮助系统的前提是必须保证电脑连接网络。

step 3 在帮助窗口显示【主要类别】选项，单击【入门】|【使用模板创建新文档】链接。

step 4 此时，即可在【Word 2016 帮助】窗口的文本区域中显示有关使用模板创建新文档的相关内容。

step 5 在【搜索添加】文本框中输入文本"保存文档"，然后单击【搜索】按钮。

step 6 搜索完毕后，在帮助文本区域将显示搜索结果的相关内容。

step 7 单击一个标题链接，即可打开页面查看其详细内容。

可以通过强大的网络搜寻到更多的 Office 2016 帮助信息，即通过 Internet 获得更多的技术支持。

首先打开帮助窗口，随便单击一个链接，帮助窗口有时会显示"需要协助"提示，单击【Office 帮助和培训网站】链接。

在打开的 Office 帮助网页中单击任意一条文字链接，就可以搜索到更多的信息。

1.5.2 通过 Internet 获得帮助

当电脑确保已经联网的情况下，用户还

1.6 案例演练

本章的案例演练部分是以只读方式打开文档等几个实例操作，用户通过练习从而巩固本章所学知识。

1.6.1　以只读方式打开文档

【例 1-7】使用【打开】对话框以只读方式打开
文档。 视频

step① 启动 Word 2016，单击【文件】按钮，
选择【打开】命令，选择【浏览】选项。

step② 打开【打开】对话框，选择文件路径，
选择一个 Word 文档，单击【打开】下拉按
钮，从下拉菜单中选择【以只读方式打开】
命令。

step③ 此时即可以只读方式打开文档，并在
标题栏的文件名后显示【只读】二字。

1.6.2　设置自动保存

【例 1-8】将 Word 2016 文档的自动保存的时间
间隔设置为 5 分钟。 视频

step① 启动 Word 2016，新建一个空白文档。

step② 单击【文件】按钮，从弹出的菜单中
选择【选项】选项。

step③ 打开【Word 选项】对话框的【保存】
选项卡，在【保存文档】选项区域中选中【保
存自动恢复信息时间间隔】复选框，并在其
右侧的微调框中输入 5，单击【确定】按钮，
完成设置。

1.6.3　定制界面并创建文档

【例 1-9】练习定制工作界面并创建模板文档。
视频

step① 启动 Word 2016，单击【自定义快速
访问工具栏】下拉按钮，选择【其他命令】
命令。

step 2 打开【Word 选项】对话框中的【快速访问工具栏】选项卡，在【从下列位置选择命令】下拉列表中选择【常用命令】选项，在其下的列表框中选择【新建文件】选项，单击【添加】按钮，将其添加到右侧的【自定义快速访问工具栏】列表框中，单击【确定】按钮。

step 3 返回工作界面，查看快速访问工具栏中的按钮。

step 4 单击【文件】按钮，从弹出的【文件】菜单中选择【选项】命令。

step 5 打开【Word 选项】对话框，打开【常规】选项卡，在【Office 主题】后的下拉列表中选择【深灰色】选项，单击【确定】按钮。

step 6 此时返回工作界面，查看改变了主题后的界面。

step ⑦ 单击【文件】按钮,从弹出的菜单中选择【新建】命令,在模板中选择【中庸简历】选项。

step ⑧ 此时即可新建一个名为"文档 2"的新文档,并自动套用所选择的【中庸简历】模板的样式。

step ⑨ 单击【文件】按钮,从弹出的【文件】菜单中选择【另存为】命令,单击【浏览】按钮。

step ⑩ 打开【另存为】对话框,选择文档的保存路径,在【文件名】文本框中输入名称,单击【保存】按钮。

第 2 章

Word 文本的输入和编辑

在 Word 2016 中，文字是组成段落的最基本的内容，任何一个文档都是从段落文本开始进行编辑的。本章将主要介绍输入文本、查找与替换文本、文本的自动更正、拼写与语法检查等操作，这是整个文档编辑过程的基础。

本章对应视频

2.1 输入文本内容

在 Word 2016 中，建立文档的目的是输入文本内容。本节将介绍中英文本、特殊符号、日期和时间的输入方法。

2.1.1 输入英文

当新建一个文档后，在文档的开始位置将出现一个闪烁的光标，称之为"插入点"。在 Word 文档中输入的文本，都将在插入点处出现。定位了插入点的位置后，选择一种输入法，即可开始输入文本。

在英文状态下通过键盘可以直接输入英文、数字及标点符号。需要注意的是以下几点。

▶ 按 Caps Lock 键可输入英文大写字母，再次按该键输入英文小写字母。

▶ 按 Shift 键的同时按双字符键将输入上档字符；按 Shift 键的同时按字母键将输入英文大写字母。

▶ 按 Enter 键，插入点自动移到下一行行首。

▶ 按空格键，在插入点的左侧插入一个空格符号。

【例 2-1】新建一个名为"英文小段"的文档，在其中输入英文。

📀 视频+素材 （素材文件\第 02 章\例 2-1）

step 1 启动 Word 2016，新建一个以"英文小段"为名的文档。

step 2 按住 Shift 键的同时，按两下【"】键，输入双引号，然后将插入点定位在双引号内。

step 3 按 Caps Lock 键可输入英文大写字母 T，再次按 Caps Lock 键输入英文小写字母 o，然后按空格键，输入 m、e。

step 4 按【,】键，继续输入符号，使用同样的方法，输入下图所示的一整句英文，在输入过程中按空格键，在英文单词之间输入空格，最后输入【.】。

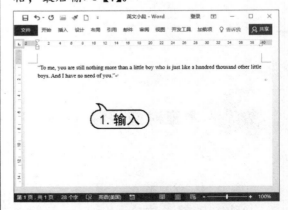

step 5 按 Enter 键，将插入点跳转至下一行的行首，继续输入英文短句。

step ⑥ 按 Enter 键，将插入点跳转至下一行的行首，参照以上的方法，完成整篇短文的输入，再在每段英文前分别按两次空格键，缩进两个英文字符。

step ⑦ 按 Ctrl+S 组合键，保存文档。

2.1.2　输入中文

一般情况下，系统会自带一些基本的输入法，如微软拼音、智能 ABC 等。用户也可以添加和安装其他输入法，这些中文输入法都是通用的。

选择中文输入法也可以通过单击任务栏上的输入法指示图标来完成，这种方法比较直接。在 Windows 桌面的任务栏中，单击代表输入法的图标，在弹出的输入法列表中单击要使用的输入法即可。

选择一种中文输入法后，即可在插入点处开始输入中文文本了。

【例 2-2】新建一个名为"海报"的文档，在其中输入中文。

视频+素材 (素材文件\第 02 章\例 2-2)

step ① 启动 Word 2016，新建一个以"海报"为名的文档。

step ② 按空格键，选择中文输入法，将插入点移至页面中央位置。输入标题"管理学院篮球比赛"。

step ③ 按 Enter 键，将插入点跳转至下一行的行首，继续输入文本"工大全体师生:"。

step ④ 按 Enter 键，将插入点跳转至下一行的行首，再按下 Tab 键，首行缩进 2 个字符，继续输入多段正文文本，将插入点定位到文本最右侧，输入文本"管理学院学生会"。

step 5 按 Ctrl+S 组合键，保存创建的"海报"文档。

2.1.3 输入符号

在输入文本时，除了可以直接通过键盘输入常用的基本符号外，还可以通过 Word 2016 的插入符号功能输入一些诸如☆、⌀、®(注册符)以及™(商标符)等特殊字符。

打开【插入】选项卡，单击【符号】组中的【符号】下拉按钮，从弹出的下拉菜单中选择相应的符号。

或者选择【其他符号】命令，打开【符号】对话框，选择要插入的符号，单击【插入】按钮，即可插入该符号。

如果需要为某个符号设置快捷键，可以在【符号】对话框中选中该符号后，单击【快捷键】按钮，打开【自定义键盘】对话框，在【请按新快捷键】文本框中输入快捷键后，单击【指定】按钮，再单击【关闭】按钮。

要插入特殊符号，可以打开【加载项】选项卡，在【菜单命令】组中单击【特殊符号】按钮，打开【插入特殊符号】对话框，在该对话框中选择相应的符号后，单击【确定】按钮即可。

【例 2-3】 在"海报"文档中输入特殊符号。
🔴 视频+素材 (素材文件\第 02 章\例 2-3)

step 1 启动 Word 2016，打开"海报"文档。

step 2 将插入点定位到文本"时间"开头处，打开【插入】选项卡，在【符号】组中单击【符号】按钮，从弹出的菜单中选择【其他符号】命令，打开【符号】对话框的【符号】选项卡，在【字体】下拉列表框中选择【Wingdings】选项，在下面的列表框中选择星形符号，然后单击【插入】按钮。

step 3 将插入点定位到文本"地点"开头处，返回【符号】对话框，单击【插入】按钮，继续插入星形符号，单击【关闭】按钮，关闭【符号】对话框，此时在文档中显示所插入的符号。

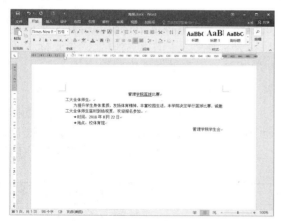

2.1.4　输入日期和时间

使用 Word 2016 编辑文档时，可以使用插入日期和时间功能来输入当前日期和时间。

在 Word 2016 中输入日期类格式的文本时，Word 2016 会自动显示默认格式的当前日期，按 Enter 键即可完成当前日期的输入。如果要输入其他格式的日期，除了可以手动输入外，还可以通过【日期和时间】对话框进行插入。

打开【插入】选项卡，在【文本】组中

单击【日期和时间】按钮，打开【日期和时间】对话框。

在【日期和时间】对话框中，各选项的功能如下所示。

▶【可用格式】列表框：用来选择日期和时间的显示格式。

▶【语言(国家/地区)】下拉列表框：用来选择日期和时间应用的语言，如中文或英文。

▶【使用全角字符】复选框：选中该复选框可以用全角方式显示插入的日期和时间。

▶【自动更新】复选框：选中该复选框可对插入的日期和时间格式进行自动更新。

▶【设为默认值】按钮：单击该按钮可将当前设置的日期和时间格式保存为默认的格式。

【例 2-4】 在"海报"文档中输入日期和时间。

🎬 视频+素材　(素材文件\第 02 章\例 2-4)

step 1 启动 Word 2016 应用程序，打开"海报"文档。将插入点定位在文档末尾，按 Enter 键换行。

step 2 打开【插入】选项卡，在【文本】组中单击【日期和时间】按钮。打开【日期和时间】对话框，在【语言(国家/地区)】下拉列表框中选择【中文(中国)】选项，在【可用格式】列表框中选择第 3 种日期格式，单击【确定】按钮。

step 3 此时在文档中插入该日期,按空格键将该日期文本移动至结尾处。

2.2 文本的基础编辑

文档录入过程中,通常需要对文本进行选取、复制、移动、删除、查找和替换等操作。熟练地掌握这些操作,可以节省大量的时间,提高文档编辑工作的效率。

2.2.1 选择文本

在 Word 2016 中进行文本编辑操作之前,必须选取或选定操作的文本。选择文本既可以使用鼠标,也可以使用键盘,还可以结合鼠标和键盘进行选择。

1. 使用鼠标选择文本

使用鼠标选择文本是最基本、最常用的方法。使用鼠标选择文本十分方便。

▶ 拖动选择:将鼠标指针定位在起始位置,按住鼠标左键不放,向目的位置拖动鼠标以选择文本。

▶ 单击选择:将鼠标光标移到要选定行的左侧空白处,当鼠标光标变成 ◁ 形状时,单击鼠标选择该行文本内容。

▶ 双击选择:将鼠标光标移到文本编辑区左侧,当鼠标光标变成 ◁ 形状时,双击鼠标左键,即可选择该段的文本内容;将鼠标光标定位到词组中间或左侧,双击鼠标选择该单字或词。

▶ 三击选择:将鼠标光标定位到要选择的段落,三击鼠标选中该段的所有文本;将鼠标光标移到文档左侧空白处,当光标变成 ◁ 形状时,三击鼠标选中整篇文档。

2. 使用键盘选择文本

使用键盘选择文本时,需先将插入点移动到要选择的文本的开始位置,然后按键盘上相应的快捷键即可。相关快捷键及其作用如下表所示。

快捷键	作 用
Shift+→	选择光标右侧的一个字符
Shift+←	选择光标左侧的一个字符
Shift+↑	选择光标位置至上一行相同位置之间的文本
Shift+↓	选择光标位置至下一行相同位置之间的文本
Shift+Home	选择光标位置至行首
Shift+End	选择光标位置至行尾
Shift+PageDown	选择光标位置至下一屏之间的文本
Shift+PageUp	选择光标位置至上一屏之间的文本

(续表)

快捷键	作　用
Ctrl+Shift+Home	选择光标位置至文档开始之间的文本
Ctrl+Shift+End	选择光标位置至文档结尾之间的文本
Ctrl+A	选中整篇文档

3. 使用键盘+鼠标选取文本

使用鼠标和键盘结合的方式，不仅可以选择连续的文本，还可以选择不连续的文本。

▶ 选择连续的较长文本：将插入点定位到要选择区域的开始位置，按住 Shift 键不放，再移动光标至要选择区域的结尾处，单击鼠标左键即可选择该区域之间的所有文本内容。

▶ 选取不连续的文本：选取任意一段文本，按住 Ctrl 键，再拖动鼠标选取其他文本，即可同时选取多段不连续的文本。

▶ 选取整篇文档：按住 Ctrl 键不放，将光标移到文本编辑区左侧空白处，当光标变成◁形状时，单击鼠标左键即可选取整篇文档。

▶ 选取矩形文本：将插入点定位到开始位置，按住 Alt 键并拖动鼠标，即可选取矩形文本。

2.2.2　移动和复制文本

在文档中经常需要重复输入文本时，可以使用移动或复制文本的方法进行操作，以节省时间，加快输入和编辑的速度。

1. 移动文本

移动文本是指将当前位置的文本移到另外的位置，在移动的同时，会删除原来位置上的原版文本。移动文本后，原来位置的文本消失。

移动文本的方法如下。

▶ 选择需要移动的文本，按 Ctrl+X 组合键剪切文本，在目标位置处按 Ctrl+V 组合键粘贴文本。

▶ 选择需要移动的文本，在【开始】选项卡的【剪贴板】组中，单击【剪切】按钮，在目标位置处，单击【粘贴】按钮。

▶ 选择需要移动的文本，按下鼠标右键拖动至目标位置，松开鼠标后弹出一个快捷菜单，在其中选择【移动到此位置】命令。

▶ 选择需要移动的文本后，右击，在弹出的快捷菜单中选择【剪切】命令，在目标位置处右击，在弹出的快捷菜单中选择【粘贴】命令。

▶ 选择需要移动的文本后，按下鼠标左键不放，此时鼠标光标变为形状，并出现一条虚线，移动鼠标光标，当虚线移动到目标位置时，释放鼠标即可将选取的文本移动到该处。

2. 复制文本

文本的复制，是指将要复制的文本移动到其他的位置，而原版文本仍然保留在原来的位置。

复制文本的方法如下。

▶ 选取需要复制的文本，按 Ctrl+C 组合键，把插入点移到目标位置，再按 Ctrl+V 组合键。

▶ 选择需要复制的文本，在【开始】选项卡的【剪贴板】组中，单击【复制】按钮，将插入点移到目标位置处，单击【粘贴】按钮。

▶ 选取需要复制的文本，按下鼠标右键拖动到目标位置，松开鼠标会弹出一个快捷菜单，在其中选择【复制到此位置】命令。

▶ 选取需要复制的文本，右击，从弹出的快捷菜单中选择【复制】命令，把插入点移到目标位置，右击，从弹出的快捷菜单中选择【粘贴】命令。

2.2.3 删除和撤销文本

删除文本的操作方法如下。

▶ 按 Backspace 键，删除光标左侧的文本；按 Delete 键，删除光标右侧的文本。

▶ 选择需要删除的文本，在【开始】选项卡的【剪贴板】组中，单击【剪切】按钮即可。

▶ 选择文本，按 Backspace 键或 Delete 键均可删除所选文本。

编辑文档时，Word 2016 会自动记录最近执行的操作，因此当操作错误时，可以通过撤销功能将错误操作撤销。如果误撤销了某些操作，还可以使用恢复操作将其恢复。

常用的撤销操作主要有以下两种。

▶ 在快速访问工具栏中单击【撤销】按钮⤸，撤销上一次的操作。单击按钮右侧的下拉按钮，可以在弹出列表中选择要撤销的操作。

▶ 按 Ctrl+Z 组合键，撤销最近的操作。

恢复操作用来还原撤销操作，恢复撤销以前的文档。

常用的恢复操作主要有以下两种。

▶ 在快速访问工具栏中单击【恢复】按钮↻，恢复操作。

▶ 按 Ctrl+Y 组合键，恢复最近的撤销操作，这是 Ctrl+Z 的逆操作。

2.2.4 查找和替换文本

在篇幅比较长的文档中，使用 Word 2016 提供的查找与替换功能可以快速地找到文档中某个信息或更改全文中多次出现的词语，从而无须反复地查找文本，使操作变得较为简单，节约办公时间，提高工作效率。

1. 使用查找和替换功能

在编辑一篇文档的过程中，要替换一个文本，使用 Word 2016 提供的查找和替换功能，将会达到事半功倍的效果。

【例 2-5】在"海报"文档中查找文本"工大"，并将其替换为"南大"。

🔴 视频+素材 (素材文件\第 02 章\例 2-5)

step① 启动 Word 2016 应用程序，打开"海报"文档。

step② 在【开始】选项卡的【编辑】组中单击【查找】按钮，打开导航窗格。在【导航】文本框中输入文本"工大"，此时 Word 2016 自动在文档编辑区中以黄色高亮显示所查找到的文本。

step③ 在【开始】选项卡的【编辑】组中，单击【替换】按钮，打开【查找和替换】对话框。自动打开【替换】选项卡，此时【查找内容】文本框中显示文本"工大"，在【替换为】文本框中输入文本"南大"，单击【全部替换】按钮。

step④ 替换完成后，打开完成替换提示框，单击【确定】按钮。

step 5 返回【查找和替换】对话框，单击【关闭】按钮，返回文档窗口，查看替换的文本。

2. 使用高级查找功能

在 Word 2016 中使用高级查找功能不仅可以在文档中查找普通文本，还可以对特殊格式的文本、符号等进行查找。

打开【开始】选项卡，在【编辑】组中单击【查找】下拉按钮，从弹出的下拉菜单中选择【高级查找】命令，打开【查找和替换】对话框中的【查找】选项卡，输入查找文本，单击【更多】按钮，可展开该对话框用来设置文档的查找高级选项。

在展开的【查找和替换】对话框中，各个查找高级选项的功能如下。

▶ 【搜索】下拉列表框：用来选择文档的搜索范围。选择【全部】选项，将在整个文本中进行搜索；选择【向下】选项，可从插入点处向下进行搜索；选择【向上】选项，可从插入点处向上进行搜索。

▶ 【区分大小写】复选框：选中该复选框，可在搜索时区分大小写。

▶ 【全字匹配】复选框：选中该复选框，可在文档中搜索符号条件的完整单词，而不搜索长单词中的一部分。

▶ 【使用通配符】复选框：选中该复选框，可搜索输入【查找内容】文本框中的通配符、特殊字符或特殊搜索操作符。

▶ 【同音(英文)】复选框：选中该复选框，可搜索与【查找内容】文本框中文字发音相同但拼写不同的英文单词。

▶ 【查找单词的所有形式(英文)】复选框：选中该复选框，可搜索与【查找内容】文本框中的英文单词相同的所有形式。

▶ 【区分全/半角】复选框：选中该复选框，可在查找时区分全角与半角。

▶ 【格式】按钮：单击该按钮，将在弹出的下一级子菜单中设置查找文本的格式，例如字体、段落、制表位等。

▶ 【特殊字符】按钮：单击该按钮，在弹出的下一级子菜单中可选择要查找的特殊字符，如段落标记、省略号、制表符等。

2.3　自动更正文本

在文本的输入过程中，难免会出现一些输入错误，如将"其他"写成"其它"等。在 Word 2016 中提供了自动更正功能，可以通过其自带的更正字库对一些常见的拼写错误进行自动更正。

2.3.1 设置自动更正选项

在使用 Word 2016 的自动更正功能时，可根据需要设置自动更正选项。例如，设置是否对前两个字母连续大写的单词进行自动更正，是否对由于误按 Caps Lock 键产生的大小写错误进行更正等。

单击【文件】按钮，在弹出的菜单中选择【选项】选项，打开【Word 选项】对话框。打开【校对】选项卡，在右侧的【自动更正选项】选项区域中，单击【自动更正选项】按钮。

打开【自动更正】对话框，系统默认打开【自动更正】选项卡，在该对话框中可以设置自动更正选项。

在【自动更正】选项卡中，各选项的功能如下。

▶ 【显示"自动更正选项"按钮】复选框：选中该复选框后可显示【自动更正选项】按钮。

▶ 【更正前两个字母连续大写】复选框：选中该复选框后可将前两个字母连续大写的单词更正为首字母大写。

▶ 【句首字母大写】复选框：选中该复选框后可将句首字母没有大写的单词更正为句首字母大写。

▶ 【例外项】按钮：单击该按钮后可打开【"自动更正"例外项】对话框，在对话框中可设置不需要 Word 进行自动更正的缩略语。

▶ 【表格单元格的首字母大写】复选框：选中该复选框后可将表格单元格中的单词设置为首字母大写。

▶ 【英文日期第一个字母大写】复选框：选中该复选框后可将英文日期的首字母设置为大写。

▶ 【更正意外使用大写锁定键产生的大小写错误】复选框：选中该复选框后可对由于误按 Caps Lock 键产生的大小写错误进行更正。

▶ 【键入时自动替换】复选框：选中该复选框后可打开自动更正和替换功能，并在文档中显示【自动更正】图标。

▶ 【自动使用拼写检查器提供的建议】复选框：选中该复选框后可在键入时自动用拼写检查功能词典中的单词替换拼写有误的单词。

2.3.2 创建自动更正词条

创建或更改自动更正词条后，当输入某种常见的错误词条时，系统会给予更正提示，并用正确的词条加以替代。

【例 2-6】创建自动更正词条，将"其它"更正为"其他"。 视频

step 1　启动 Word 2016，单击【文件】按钮，在弹出的菜单中选择【选项】选项，打开【Word 选项】对话框。

step 2　打开【校对】选项卡，在【自动更正选项】选项区域中单击【自动更正选项】按钮。

step 3　打开【自动更正】对话框的【自动更正】选项卡，选中【键入时自动替换】复选框，并在【替换】文本框中输入"其它"，在【替换为】文本框中输入单词"其他"，单击【添加】按钮。

step 4　将其添加到自动更正词条中并显示在列表框中，单击【确定】按钮，关闭【自动更正】对话框。

step 5　单击【确定】按钮关闭【Word 选项】对话框。打开 Word 文档，并在文档编辑窗口中输入"其它"，然后按 Enter 键或空格键，即可看到输入的词组【其它】被替换为【其他】。

　　如果要撤销自动更正的效果，将鼠标指针移动到更正的词条左下角，出现一个小蓝框 ▇。

当小蓝框变为【自动更正选项】按钮
时，单击该按钮，从弹出的下拉列表中选择
【改回至"其它"】或【停止自动更正"其它"】

命令。选择【停止自动更正"其它"】命令相
当于在自动更正中删除该词条。

2.4 拼写和语法检查

Word 2016 提供了拼写和语法检查功能，用户使用该功能，可以减少文档中的单词拼写
错误以及中文语法错误。

2.4.1 检查英文

在输入长篇英文文档时，难免会在英文
拼写与语法方面出错。Word 2016 提供了几
种自动检查英文拼写和语法错误的方法，具
体如下所示。

▶ 自动更改拼写错误。例如，如果输入
accidant，在输入空格或其他标点符号后，将
自动用 accident 替换 accidant。

▶ 提供更改拼写提示。如果在文档中输
入一个错误单词，在输入空格后，该单词将
被加上红色的波浪形下划线。将插入点定位
在该单词中，右击，将弹出快捷菜单，在该
菜单中可选择更改后的单词、忽略错误、添
加到词典等命令。

▶ 提供标点符号提示。如果在文档中使
用了错误的标点符号，例如，连续输入逗号

和句号，将会出现蓝色波浪形下划线，将插
入点定位在其中，右击，将弹出如下图所示
的快捷菜单，在该菜单中选择相应命令进行
处理。

▶ 在行首自动大写。在行首无论输入什
么单词，在输入空格或其他标点符号后，该
单词将自动把第一个字母改为大写。例如，
在行首输入单词 address，再输入空格后，该
单词就变为 Address。

▶ 自动添加空格。如果在输入单词时，
忘记用空格隔开，Word 2016 将自动添加空
格。例如，在输入 forthe 后，继续输入，系
统自动变成 for the。

> **知识点滴**
>
> 在输入、编辑文档时，若文档中包含与 Word
> 2016 自身词典不一致的单词或词语，会在该单词
> 或词语的下方显示一条红色或绿色的波浪线，表
> 示该单词或词语可能存在拼写或语法错误，提醒
> 用户注意。

2.4.2 检查中文

中文语法检查与英文类似，只是在输入过程中，对出现的中文语法错误右击后，在弹出的菜单中不会显示相近的字或词。中文语法检查主要通过【语法】窗格和标记下划线等方式来实现。

首先输入一行文本，其中有两个语法错误。打开【审阅】选项卡，在【校对】组中单击【拼写和语法】按钮。

打开【语法】窗格，在该窗格中列出了第一个输入错误，并将"菜单菜单"用红色波浪线划出来。

将插入点定位在"菜单菜单"字右侧，删除文本"菜单"，单击【恢复】按钮。

继续查找第2个错误，将插入点定位在"提工"字中，删除"工"字，输入"供"字，单击【恢复】按钮。

查找错误完毕后，将打开提示对话框，提示文本中的拼写和语法错误检查已完成，单击【确定】按钮，即可完成检查工作，文本里的波浪下划线也消失了。

此外还可以使用标记下划线这种方式来实现中文拼写与语法检查，右击以红色波浪线显示的文本"菜单菜单"，弹出的快捷菜单中显示提示信息【重复错误】。

用户可以根据提示，手动将文本"菜单"删除。

知识点滴

在该快捷菜单中，若选择【忽略一次】命令，此时文档中的红色或绿色波浪线将自动消失，表示用户忽略此处错误。

2.4.3 设置检查选项

在输入文本时自动进行拼写和语法检查是 Word 2016 默认的操作，但若是文档中包含有较多特殊拼写或特殊语法时，启用键入时自动检查拼写和语法功能，就会对编辑文档产生一些不便。因此，在编辑一些专业性较强的文档时，可暂时将输入时自动检查拼写和语法功能关闭。

【例 2-7】关闭输入时自动检查拼写和语法功能。
视频

step ① 启动 Word 2016，打开一个要关闭自动拼写和语法检查的任意文档。

step ② 单击【文件】按钮，在弹出的菜单中选择【选项】选项，打开【Word 选项】对话框。

step ③ 打开【校对】选项卡，在【在 Word 中更正拼写和语法时】选项区域中取消选中【键入时检查拼写】和【键入时标记语法错误】复选框，单击【确定】按钮，即可暂时关闭自动检查拼写和语法功能。

在 Word 2016 工作界面的状态栏任意位置右击，从弹出的快捷菜单中取消选中【拼写和语法检查】命令，此时状态栏中的 按钮被隐藏，即关闭了拼写与语法检查功能。

2.5 案例演练

本章的案例演练部分包括制作问卷调查表等几个综合实例操作，用户通过练习从而巩固本章所学知识。

2.5.1 制作问卷

【例 2-8】新建一个名为"大学生问卷调查表"的文档，并输入文本内容。
视频+素材 (素材文件\第 02 章\例 2-8)

step ① 启动 Word 2016，新建一个空白文档，单击【文件】按钮，从弹出的菜单中选择【保存】选项，选择【浏览】选项。

step ② 打开【另存为】对话框，将该文档以"问卷调查"为名保存。

step 3 在文档中按空格键，将插入点移至页面中央位置，切换至中文输入法，输入标题"大学生问卷调查"。

step 4 按 Enter 键，将插入点跳转至下一行的行首，继续输入中文文本。使用同样的方法输入文本内容。

step 5 按 Enter 键换行，按空格键将插入点定位到页面右下角合适位置，打开【插入】选项卡，在【文本】组中单击【日期和时间】按钮，打开【日期和时间】对话框。在【语言(国家/地区)】下拉列表框中选择【中文(中国)】选项，在【可用格式】列表框中选择一种日期格式，单击【确定】按钮，此时即可在文档中插入日期。

step 6 将插入点定位在第 5 行文本"是"前面，打开【插入】选项卡，在【符号】组中单击【符号】下拉按钮，从弹出的菜单中选择【其他符号】命令，打开【符号】对话框。打开【符号】选项卡，在【字体】下拉列表框中选择 Wingdings 选项，在下面的列表框中选择空心圆形符号，然后单击【插入】按钮，输入符号。

step ⑦ 使用同样的方法，在文本中插入相同符号。

step ⑧ 将插入点定位在第 8 行文本后，打开【加载项】选项卡，在【菜单命令】组中单击【特殊符号】按钮，打开【插入特殊符号】对话框。打开【特殊符号】选项卡，在其中选择星形特殊符号，单击【确定】按钮，在文档中插入星形特殊符号。

step ⑨ 使用同样的方法，在其他文本后插入星形特殊符号。

step ⑩ 在快速访问工具栏中单击【保存】按钮，将输入文本内容后的文档保存。

2.5.2 制作邀请函

【例 2-9】创建"邀请函"文档，输入文本内容，进行查找和替换操作。

视频+素材 (素材文件\第 02 章\例 2-9)

step ① 启动 Word 2016，新建一个空白文档，单击【文件】按钮，从弹出的菜单中选择【保存】选项，选择【浏览】选项。

step ② 打开【另存为】对话框，将该文档以"邀请函"为名保存。

step ③ 在文档中按空格键，将插入点移至页面中央位置，切换至中文输入法，输入标题"邀请函"。

step 4 按 Enter 键换行，继续输入其他文本。

step 5 将插入点定位到文本"活动时间"开头处，打开【插入】选项卡，在【符号】组中单击【符号】按钮，从弹出的菜单中选择【其他符号】命令。

step 6 打开【符号】对话框的【符号】选项卡，在【字体】下拉列表框中选择【Wingdings】选项，在下边的列表框中选择手指形状符号，然后单击【插入】按钮。

step 7 将插入点定位到文本"活动地点"开头处，返回【符号】对话框，单击【插入】按钮，继续插入手指形状符号。单击【关闭】按钮，关闭【符号】对话框，此时在文档中显示所插入的符号。

> 平时大家都很忙，忙于生计，国庆节期间，请您放下手头的工孩子的快乐，就是您的最大欢乐！
> ☞ 活动时间：十月一日八点半。八点半前送孩子到幼儿园（
> ☞ 活动地点：余西幼儿园操场
> 温馨提示：提醒您在运动会全部完成后，接回您的孩子！
> 盛情邀请！

step 8 将插入点定位在文档末尾，按 Enter键换行。打开【插入】选项卡，在【文本】组中单击【日期和时间】按钮。打开【日期和时间】对话框，在【语言(国家/地区)】下拉列表框中选择【中文(中国)】选项，在【可用格式】列表框中选择第 3 种日期格式，单击【确定】按钮。

step 9 此时在文档插入该日期，按空格键将该日期文本移动至结尾处。

step 10 在【开始】选项卡的【编辑】组中单击【查找】按钮，打开导航窗格。在【导航】文本框中输入文本"运动会"，此时 Word 2016 自动在文档编辑区中以黄色高亮显示所查找到的文本。

step 11 在【开始】选项卡的【编辑】组中，单击【替换】按钮，打开【查找和替换】对话框，打开【替换】选项卡，此时【查找内

容】文本框中显示文本"运动会"，在【替换为】文本框中输入文本"亲子运动会"，单击【全部替换】按钮。

step 12 替换完成后，打开完成替换提示框，单击【确定】按钮。

step 13 返回【查找和替换】对话框，单击【关闭】按钮，返回文档窗口，查看替换的文本。

第3章

设置文本和段落

在 Word 文档中，文字是组成段落的最基本内容，任何一个文档都是从段落文本开始进行编辑的。当编辑完文本内容后，即可对相应的段落文本进行格式化操作。本章将主要介绍 Word 2016 中文本和段落格式设置的相关操作内容。

本章对应视频 - - - - - - - - - - - - - - - - - - -

3.1 设置文本格式

在 Word 文档中输入的文本默认字体为宋体，默认字号为五号，为了使文档更加美观、条理更加清晰，通常需要设置文本格式，如设置字体、字号、字体颜色、字形、字体效果和字符间距等。

3.1.1 设置文本的方式

要设置文本格式，可以使用以下几种方式进行操作。

1. 使用【字体】组设置

选中要设置格式的文本，在功能区中打开【开始】选项卡，使用【字体】组中提供的按钮即可设置文本格式。

其中各字符格式按钮的功能分别如下。

▷ 字体：指文字的外观，Word 2016 提供了多种字体，默认字体为宋体。

▷ 字形：指文字的一些特殊外观，如加粗、倾斜、下划线、上标和下标等，单击【删除线】按钮 abc ，可以为文本添加删除线效果。

▷ 字号：指文字的大小，Word 2016 提供了多种字号。

▷ 字符边框：为文本添加边框，单击带圈字符按钮，可为字符添加圆圈效果。

▷ 文本效果：为文本添加特殊效果，单击该按钮，从弹出的菜单中可以为文本设置轮廓、阴影、映像和发光等效果。

▷ 字体颜色：指文字的颜色，单击【字体颜色】按钮右侧的下拉箭头，在弹出的菜单中选择需要的颜色命令。

▷ 字符缩放：增大或者缩小字符。

▷ 字符底纹：为文本添加底纹效果。

2. 使用浮动工具栏设置

选中要设置格式的文本，此时选中文本区域的右上角将出现浮动工具栏，使用工具栏提供的命令按钮可以进行文本格式的设置。

3. 使用【字体】对话框设置

打开【开始】选项卡，单击【字体】对话框启动器按钮，打开【字体】对话框，即可进行文本格式的相关设置。其中，【字体】选项卡可以设置字体、字形、字号、字体颜色和效果等。

【字体】对话框的【高级】选项卡可以设置文本之间的间隔距离和位置。

3.1.2　进行文本设置

下面使用一个具体实例介绍文本格式的设置方法。

【例 3-1】　在"酒"文档中设置字体格式。

视频+素材　(素材文件\第 03 章\例 3-1)

step 1　启动 Word 2016 应用程序,打开"酒"文档。

step 2　选中标题文本"酒",然后在【开始】选项卡的【字体】组中单击【字体】下拉按钮,并在弹出的下拉列表框中选择【微软雅黑】选项;单击【字体颜色】下拉按钮,在

打开的颜色面板中选择【黑色,文字 1,淡色 15%】选项;单击【字号】下拉按钮,从弹出的下拉列表框中选择【一号】选项,在【段落】组中单击【居中】按钮,此时标题文本效果如下图所示。

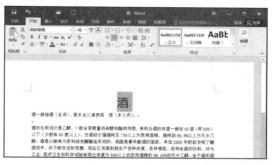

step 3　选中正文的第一段文本,在【字体】组中单击对话框启动器按钮。

step 4　在弹出的【字体】对话框中打开【字体】选项卡,在【中文字体】下拉列表框中选择【方正黑体简体】选项,在【字形】列表框中选择【常规】选项;在【字号】列表框中选择【10.5】选项,单击【字体颜色】下拉按钮,从打开的颜色面板中选择【深蓝】选项,单击【确定】按钮。

step 5 使用同样的方法，设置文档中其他文本的大小为【10】，颜色为【黑色】，字体为【宋体】，效果如右图所示。

3.2　设置段落格式

段落是构成整个文档的骨架，它由正文、图表和图形等加上一个段落标记构成。为使文档的结构更清晰、层次更分明，Word 2016 提供了段落格式设置功能，包括段落对齐方式、段落缩进、段落间距等。

3.2.1　设置段落对齐方式

段落对齐指文档边缘的对齐方式，包括两端对齐、左对齐、右对齐、居中对齐和分散对齐。这 5 种对齐方式的说明如下所示。

▶ 两端对齐：默认设置，两端对齐时文本左右两端均对齐，但是段落最后不满一行的文字右边是不对齐的。

▶ 左对齐：文本的左边对齐，右边参差不齐。

▶ 右对齐：文本的右边对齐，左边参差不齐。

▶ 居中对齐：文本居中排列。

▶ 分散对齐：文本左右两边均对齐，而且每个段落的最后一行不满一行时，将拉开字符间距使该行均匀分布。

设置段落对齐方式时，先选定要对齐的段落，然后可以通过单击【开始】选项卡的【段落】功能组(或浮动工具栏)中的相应按钮来实现，也可以通过【段落】对话框来实现。

【例 3-2】在"酒"文档中，通过【段落】对话框设置段落对齐方式。

▶ 视频+素材 (素材文件\第 03 章\例 3-2)

step 1 启动 Word 2016 应用程序，打开"酒"文档。

step 2 选中正文第 1 段文本，然后在【开始】选项卡的【段落】组中单击对话框启动器按钮，打开【段落】对话框。

step 3 打开【缩进和间距】选项卡，单击【对齐方式】下拉按钮，在弹出的下拉列表中选择【居中】选项，单击【确定】按钮。

step 4 此时文档中第一段文字的效果如下图所示。

3.2.2　设置段落缩进

段落缩进是指段落中的文本与页边距之间的距离。Word 2016 提供了以下 4 种段落缩进的方式。

➤ 左缩进：设置整个段落左边界的缩进位置。

➤ 右缩进：设置整个段落右边界的缩进位置。

➤ 悬挂缩进：设置段落中除首行以外的其他行的起始位置。

➤ 首行缩进：设置段落中首行的起始位置。

1. 使用标尺设置缩进量

通过水平标尺可以快速设置段落的缩进方式及缩进量。水平标尺包括首行缩进、悬挂缩进、左缩进和右缩进这 4 个标记。

使用标尺设置段落缩进时，在文档中选择要改变缩进的段落，然后拖动缩进标记到缩进位置，可以使某些行缩进。在拖动鼠标时，整个页面上出现一条垂直虚线，以显示新边距的位置。

知识点滴

在使用水平标尺格式化段落时，按住 Alt 键不放，使用鼠标拖动标记，水平标尺上将显示具体的度量值。拖动首行缩进标记到缩进位置，将以左边界为基准缩进第一行；拖动悬挂缩进标记至缩进位置，可以设置除首行外的所有行缩进。拖动左缩进标记至缩进位置，可以使所有行均左缩进。

2. 使用【段落】对话框设置缩进量

使用【段落】对话框可以准确地设置缩进尺寸。打开【开始】选项卡，单击【段落】组中的对话框启动器按钮，打开【段落】对话框的【缩进和间距】选项卡，在该选项卡中进行相关设置即可设置段落缩进。

知识点滴

在【段落】对话框的【缩进】选项区域的【左侧】文本框中输入左缩进值，则所有行从左边缩进相应值；在【右侧】文本框中输入右缩进值，则所有行从右边缩进相应值。

【例 3-3】在"酒"文档中，设置文本段落的首行缩进 2 个字符。

▶ 视频+素材 （素材文件\第 03 章\例 3-3）

step 1 启动 Word 2016 应用程序，打开"酒"文档。

step 2 选取正文第 2 段文本，打开【开始】选项卡，在【段落】组中单击对话框启动器按钮，打开【段落】对话框。

step 3 打开【缩进和间距】选项卡，在【段落】选项区域的【特殊格式】下拉列表中选择【首行缩进】选项，并在【缩进值】微调框中输入"2 字符"，单击【确定】按钮，完成设置。

知识点滴

在【段落】组中，单击【减少缩进量】按钮或【增加缩进量】按钮可以减少或增加缩进量。

3.2.3 设置段落间距

段落间距的设置包括对文档行间距与段间距的设置。其中，行间距是指段落中行与行之间的距离；段间距是指前后相邻的段落之间的距离。

1. 设置行间距

行间距决定段落中各行文本之间的垂直距离。Word 2016 默认的行间距值是单倍行距，用户可以根据需要重新对其进行设置。在【段落】对话框中，打开【缩进和间距】选项卡，在【行距】下拉列表框中选择相应选项，并在【设置值】微调框中输入数值即可。

知识点滴

用户在排版文档时，为了使段落更加紧凑，经常会把段落的行距设置为【固定值】，这样做可能会导致一些高度大于此固定值的图片或文字只能显示一部分。因此，建议设置行距时慎用固定值。

2. 设置段间距

段间距决定段落前后空白距离的大小。在【段落】对话框中，打开【缩进和间距】选项卡，在【段前】和【段后】微调框中输入值，就可以设置段间距。

【例3-4】在"酒"文档中，设置段落间距。

视频+素材 (素材文件\第03章\例3-4)

step 1 启动 Word 2016 应用程序，打开"酒"文档。

step 2 将插入点定位在标题"酒"的前面，打开【开始】选项卡，在【段落】组中单击对话框启动器按钮，打开【段落】对话框。

step 3 打开【缩进和间距】选项卡，在【间距】选项区域中的【段前】和【段后】微调框中输入"1行"，单击【确定】按钮。

step 4 此时完成段落间距的设置，文档中标题"酒"的效果如下图所示。

step 5 按住 Ctrl 键选中从第 2 段开始的所有正文，再次打开【段落】对话框的【缩进和间距】选项卡。在【行距】下拉列表框中选择【固定值】选项，在其右侧的【设置值】微调框中输入"18磅"，单击【确定】按钮。

step 6 完成以上设置后，文档中正文的效果如下图所示。

3.3 设置项目符号和编号

使用项目符号和编号，可以对文档中并列的项目进行组织，或者将内容的顺序进行编号，以使这些项目的层次结构更加清晰、更有条理。Word 2016 提供了多种标准的项目符号和编号，并且允许用户自定义项目符号和编号。

3.3.1　添加项目符号和编号

Word 2016 提供了自动添加项目符号和编号的功能。在以"1.""(1)""a)"等字符开始的段落中按 Enter 键，下一段开始将会自动出现"2.""(2)""b)"等字符。

此外，选取要添加符号的段落，打开【开始】选项卡，在【段落】组中单击【项目符号】按钮 ，将自动在每一段落前面添加项目符号；单击【编号】按钮，将以"1.""2.""3."的形式编号。

若用户要添加其他样式的项目符号和编号，可以打开【开始】选项卡，在【段落】组中，单击【项目符号】下拉按钮，从弹出的下拉菜单中选择项目符号的样式。

单击【编号】下拉按钮，从弹出的下拉菜单中选择编号的样式。

【例 3-5】在"酒"文档中，添加项目符号和编号。

🎬视频+素材 (素材文件\第 03 章\例 3-5)

step 1 启动 Word 2016，打开"酒"文档后，选中文档中需要设置编号的文本。

step 2 打开【开始】选项卡，在【段落】组中单击【编号】下拉按钮，从弹出的列表框中选择一种编号样式，即可为所选段落添加编号。

step 3 选中文档中需要添加项目符号的文本段落。

step 4 在【段落】组中单击【项目符号】下拉按钮，从弹出的列表框中选择一种项目样式，即可为段落添加项目符号。

3.3.2 自定义项目符号和编号

在使用项目符号和编号功能时，用户除了可以使用系统自带的项目符号和编号样式外，还可以对项目符号和编号进行自定义设置，以满足不同用户的需求。

1. 自定义项目符号

选取项目符号段落，打开【开始】选项卡，在【段落】组中单击【项目符号】下拉按钮，在弹出的下拉菜单中选择【定义新项目符号】命令，打开【定义新项目符号】对话框，在其中自定义一种项目符号即可。

该对话框中各选项的功能如下所示。

▶【符号】按钮：单击该按钮，打开【符号】对话框，可从中选择合适的符号作为项目符号。

▶【图片】按钮：单击该按钮，打开【插入图片】窗格，可从网上选择合适的图片符号作为项目符号，也可以单击【浏览】按钮，导入本地电脑的图片作为项目符号。

▶【字体】按钮：单击该按钮，打开【字体】对话框，在该对话框中可设置项目符号的字体格式。

▶【对齐方式】下拉列表框：在该下拉列表框中列出了 3 种项目符号的对齐方式，分别为左对齐、居中对齐和右对齐。

▶【预览】框：可以预览用户设置的项目符号的效果。

【例 3-6】在"酒"文档中，自定义项目符号。

⟳ 视频+素材 （素材文件\第 03 章\例 3-6）

step 1 启动 Word 2016 应用程序，打开"酒"文档。

step 2 选取项目符号段落，打开【开始】选项卡，在【段落】组中单击【项目符号】下拉按钮，从弹出的下拉菜单中选择【定义新项目符号】命令。

step 3 打开【定义新项目符号】对话框，单击【图片】按钮。

step 4 打开【插入图片】窗格，单击【从文件】中的【浏览】按钮。

step 5 打开【插入图片】对话框，选择保存在电脑中的图片，单击【插入】按钮。

step 6 返回【定义新项目符号】对话框，在中间的列表框中显示导入的项目符号图片，单击【确定】按钮。

step 7 返回 Word 2016 窗口，此时在文档中显示自定义的图片项目符号。

2. 自定义编号

选取编号段落，打开【开始】选项卡，在【段落】组中单击【编号】下拉按钮，从弹出的下拉菜单中选择【定义新编号格式】命令，打开【定义新编号格式】对话框。在【编号样式】下拉列表中选择一种编号的样式；单击【字体】按钮，可以在打开的【字体】对话框中设置项目编号的字体格式；在【对齐方式】下拉列表中选择编号的对齐方式。

3.3.3 删除项目符号和编号

要删除项目符号，在【开始】选项卡中单击【段落】组的【项目符号】下拉按钮，从弹出的【项目符号库】列表框中选择【无】选项即可。

要删除编号，在【开始】选项卡中单击【段落】组的【编号】下拉按钮，从弹出的【编号库】列表框中选择【无】选项即可。

3.4 设置边框和底纹

在使用 Word 2016 进行文字处理时，为使文档更加引人注目，可根据需要为文字和段落添加各种各样的边框和底纹，以增加文档的生动性和实用性。

3.4.1 设置边框

Word 2016 提供了多种边框供用户选择，用来强调或美化文档内容。在 Word 2016 中可以为文字、段落、整个页面设置边框。

1. 为文字或段落设置边框

选择要添加边框的文本或段落，在【开

始】选项卡的【段落】组中单击【下框线】下拉按钮，在弹出的菜单中选择【边框和底纹】命令，打开【边框和底纹】对话框的【边框】选项卡，在其中进行相关设置。

【边框】对话框中各选项的功能如下所示。

▶ 【设置】选项区域：提供了 5 种边框样式，从中可选择所需的样式。

▶ 【样式】列表框：在该列表框中列出了各种不同的线条样式，从中可选择所需的线型。

▶ 【颜色】下拉列表框：可以为边框设置所需的颜色。

▶ 【宽度】下拉列表框：可以为边框设置相应的宽度。

▶ 【应用于】下拉列表框：可以设定边框应用的对象是文字或段落。

【例 3-7】在"家装交易展览会公告"文档中，为文本和段落设置边框。

视频+素材 (素材文件\第 03 章\例 3-7)

step 1 启动 Word 2016 应用程序，打开"家装交易展览会公告"文档，选中全文。

step 2 打开【开始】选项卡，在【段落】组中单击【下框线】下拉按钮，在弹出的菜单中选择【边框和底纹】命令，打开【边框和底纹】对话框。

step 3 打开【边框】选项卡，在【设置】选项区域中选择【三维】选项；在【样式】列表框中选择一种线型样式；在【颜色】下拉列表框中选择【深红】色块，在【宽度】下拉列表框中选择【3.0 磅】选项，单击【确定】按钮。

step 4 此时，即可为文档中所有段落添加一个边框效果。

step 5 选取最后一段中的文字，使用同样的方法，打开【边框和底纹】对话框。

step 6 打开【边框】选项卡，在【设置】选项区域中选择【阴影】选项；在【样式】列表框中选择一种虚线样式；在【颜色】下拉列表框中选择【浅绿】色块，单击【确定】按钮。

step 7 此时，即可为这段文字添加一个边框效果。

2. 为页面设置边框

设置页面边框可以使打印出的文档更加美观。特别是要设置一篇精美的文档时，添加页面边框是一个很好的办法。

打开【边框和底纹】对话框的【页面边框】选项卡，在其中进行设置，在【艺术型】下拉列表中选择一种艺术型样式后，单击【确定】按钮，即可为页面应用艺术型边框。

【例 3-8】在"家装交易展览会公告"文档中，为页面设置边框。

视频+素材 (素材文件\第 03 章\例 3-8)

step 1 启动 Word 2016 应用程序，打开"家

装交易展览会公告"文档。

step 2 打开【开始】选项卡，在【段落】组中单击【下框线】下拉按钮，在弹出的菜单中选择【边框和底纹】命令，打开【边框和底纹】对话框，选择【页面边框】选项卡，在【艺术型】下拉列表中选择一种样式；在【宽度】输入框中输入"20 磅"；在【应用于】下拉列表框中选择【整篇文档】选项，然后单击【确定】按钮。

step 3 此时，即可为文档整个页面添加一个边框效果。

3.4.2　设置底纹

设置底纹不同于设置边框，底纹只能对文字、段落添加，而不能对页面添加。

打开【边框和底纹】对话框的【底纹】选项卡，在其中对填充的颜色和图案等进行相关设置。

【例 3-9】在"家装交易展览会公告"文档中，为文本和段落设置底纹。

🎬视频+素材 (素材文件\第 03 章\例 3-9)

step ① 启动 Word 2016 应用程序，打开"家装交易展览会公告"文档。

step ② 选取第 4 段文本，打开【开始】选项卡，在【字体】组中单击【以不同颜色突出显示文本】按钮，即可快速为文本添加黄色底纹。

step ③ 选取所有的文本，打开【开始】选项卡，在【段落】组中单击【下框线】下拉按钮，在弹出的菜单中选择【边框和底纹】命令，打开【边框和底纹】对话框。

step ④ 打开【底纹】选项卡，单击【填充】

下拉按钮，从弹出的颜色面板中选择【浅绿】色块，然后单击【确定】按钮。

step ⑤ 此时，为文档中所有段落添加了一种浅绿色的底纹。

step ⑥ 使用同样的方法，为第 13~17 段括号文本添加【蓝色，强度文字颜色 1】底纹，并设置文本字体颜色为白色。

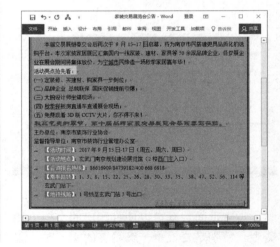

3.5　使用格式刷和制表位

Word 2016 提供了格式刷和制表位功能，用户使用这些功能，可以精确并快速地设定文字和段落的格式。

3.5.1　使用格式刷

使用【格式刷】功能，可以快速地将指定的文本、段落格式复制到目标文本、段落上，可以大大提高工作效率。

1. 应用文本格式

要在文档中不同的位置应用相同的文本格式，可以使用【格式刷】工具快速复制格式，方法很简单，选中要复制其格式的文本，在【开始】选项卡的【剪贴板】组中单击【格式刷】按钮　，当鼠标指针变为　形状时，拖动鼠标选中目标文本即可。

2. 应用段落格式

要在文档中不同的位置应用相同的段落格式，同样可以使用【格式刷】工具快速复制格式。方法很简单，将光标定位在某个将要复制其格式的段落任意位置，在【开始】选项卡的【剪贴板】组中单击【格式刷】按钮，当鼠标指针变为　形状时，拖动鼠标选中要更改的目标段落。移动鼠标指针到目标段落所在的左边距区域内，当鼠标指针变成　形状时，在垂直方向上进行拖动，即可将格式复制给选中的若干个段落。

> **知识点滴**
>
> 单击【格式刷】按钮复制一次格式后，系统会自动退出复制状态。如果是双击而不是单击时，则可以多次复制格式。要退出格式复制状态，可以再次单击【格式刷】按钮或按 Esc 键。另外，复制格式的快捷键是 Shift+Ctrl+ C(即格式刷的快捷键)，粘贴格式的快捷键是 Shift+Ctrl+ V。

3.5.2　设置制表位

制表位是段落格式的一部分，它决定了按下 Tab 键时插入符移动的距离，并且影响使用缩进按钮时的缩进位置。

在默认状态下，Word 每隔 0.75 厘米设置一个制表位。在没有设置制表位的情况下，只能通过插入空格来实现不同行上同一项目间的上下对齐。如果在每一个项目间设置了适当的制表位，那么在输入一个项目后只需要按一次 Tab 键，光标就可以立即移动到下一个项目位置。

> 【左对齐式制表符】　：从制表位开始向右扩展文字。

> 【居中式制表符】　：使文字在制表位处居中。

> 【右对齐式制表符】　：从制表位开始向左扩展文字，文字填满制表位左边的空白后，会向右扩展。

> 【小数点对齐式制表符】　：在制表位处对齐小数点，文字或没有小数点的数字会向制表位左侧扩展。

> 【竖线对齐式制表符】　：此符号并不是真正的制表符，其作用是在段落中该位置的各行中插入一条竖线，以构成表格的分隔线。

1. 使用标尺设置制表位

水平标尺的最左端有一个制表位按钮，默认情况下的制表符为【左对齐式制表符】　，单击制表位按钮可以在制表符间进行切换。选中需要的制表符类型后，在水平标尺上单击一个位置即可设置一个制表位。

2. 使用对话框设置制表位

用户如果需要精确设置制表位，可以使用【制表位】对话框来完成操作。

选择【开始】选项卡，在【段落】组中单击对话框启动器按钮　，打开【段落】对话框，在该对话框中单击【制表位】按钮。

打开【制表位】对话框，可以在【制表位位置】文本框中输入一个制表位位置，在【对齐方式】区域下设置制表位的文本对齐方式，在【前导符】区域下选择制表位的前导字符。

3.6　案例演练

　　本章的案例演练部分为制作 "招聘启事" 文档等几个综合实例操作，用户通过练习从而巩固本章所学知识。

3.6.1　制作"招聘启事"文档

【例 3-10】制作"招聘启事"文档，在其中设置文本和段落格式。

🎬 视频+素材 (素材文件\第 03 章\例 3-10)

step 1　启动 Word 2016 应用程序，新建一个文档，并将其以"招聘启事"为名保存，输入文本。

step 2　选中文档第一行文本"招聘启事"，然后选择【开始】选项卡，在【字体】组中设置【字体】为【微软雅黑】,【字号】为【小一】，在【段落】组中单击【居中】按钮，设置文本居中。

step 3　选中正文第 2 段内容，然后使用同样的方法，设置文本的字体、字号和对齐方式。

step 4　保持文本的选中状态，然后单击【剪贴板】组中的【格式刷】按钮，在需要套用格式的文本上单击并按住鼠标左键拖动，套用文本格式。

step 5　选中文档中的文本"主要岗位职责:"，然后在【开始】选项卡的【字体】组中单击【加粗】按钮。

step 6　在【开始】选项卡的【段落】组中单击对话框启动器按钮 ⌐。打开【段落】对话框，在【段前】和【段后】文本框中输入"0.5行"后，单击【确定】按钮。

step 7 使用同样的方法，为文档中其他段落的文字添加"加粗"效果，并设置段落间距。

step 8 选中文档中第 4~7 段文本，在【开始】选项卡的【段落】组中单击【编号】按钮，为段落添加编号。

step 9 选中文档中第 9~11 段文本，在【开

始】选项卡中单击【项目符号】下拉列表按钮，在弹出的下拉列表中，选择一种项目符号样式。

step 10 使用同样的方法为文档中其他段落设置项目符号与编号。

step 11 选中文档中最后两段文本，在【开始】选项卡的【段落】组中单击【右对齐】按钮，最后保存文档。

3.6.2 制作宣传文档

【例 3-11】制作"我和大奖有个约会"文档，在其中设置文本和段落格式。

▶️ 视频+素材 (素材文件\第 03 章\例 3-11)

step 1 启动 Word 2016 应用程序，新建一个名为"我和大奖有个约会"的文档，在其中输入文本内容。

step 2 选中正标题文本"我和大奖有个约会"，打开【开始】选项卡，在【字体】组中单击【字体】下拉按钮，在弹出的下拉列表框中选择【方正粗倩简体】选项；单击【字号】下拉按钮，在弹出的下拉列表框中选择【二号】选项；单击【字体颜色】下拉按钮，从弹出的颜色面板中选择【红色】色块，然后单击【加粗】按钮，效果如下图所示。

step 3 选中副标题文本"——萌饰异族官方旗舰店"，打开浮动工具栏，在【字体】下拉列表框中选择【汉仪中圆简】选项，在【字号】下拉列表框中选择【三号】选项，然后单击【加粗】和【倾斜】按钮。

step 4 选中第 10 段正文文本，打开【开始】选项卡，在【字体】组中单击对话框启动器按钮 ，打开【字体】对话框。打开【字体】选项卡，单击【中文字体】下拉按钮，从弹出的列表框中选择【微软雅黑】选项；在【字形】列表框中选择【加粗】选项；在【字号】列表框中选择【四号】选项；单击【字体颜色】下拉按钮，在弹出的颜色面板中选择【深红】色块，单击【确定】按钮。

step 5 在【字体】组中单击【文本效果】按钮 ，从弹出的菜单中选择【映像】|【紧密映像，4pt 偏移量】选项，为文本应用效果。

使用同样的方法，设置最后一段文本字体为【华文新魏】，字号为【四号】，字体颜色为【深蓝】，效果如下图所示。

step 7 选中正标题文本"我和大奖有个约会"，在【开始】选项卡中单击【字体】对话框启动器按钮，打开【字体】对话框，打开【高级】选项卡，在【缩放】下拉列表框中选择 150%选项，在【间距】下拉列表框中选择【加宽】选项，并在其后的【磅值】微调框中输入"2 磅"，在【位置】下拉列表中选择【降低】选项，并在其后的【磅值】微调框中输入"2 磅"，单击【确定】按钮，完成字符间距的设置。

step 8 使用同样的方法，设置副标题文本的缩放比例为 80%，字符间距为加宽 3 磅，然后调整副标题文本的位置，效果如下图所示。

step 9 选取正标题，在【开始】选项卡的【段落】组中单击【居中】按钮，设置居中对齐。

step 10 将插入点定位在副标题段落，在【开始】选项卡的【段落】组中单击对话框启动器按钮，打开【段落】对话框。打开【缩进和间距】选项卡，单击【对齐方式】下拉按钮，从弹出的下拉列表中选择【居中】选项，单击【确定】按钮，完成段落对齐方式的设置。

step 11 此时文档中的文本效果如下图所示。

step 12 将插入点定位于正文第一段文本前，然后按空格键2次，此时文本段落的首行缩进2个字符，效果如下图所示。

step 13 将插入点定位在副标题段落，打开【开始】选项卡，在【段落】组中单击对话框启动器按钮，打开【段落】对话框。打开【缩进和间距】选项卡，在【间距】选项区域中的【段前】和【段后】微调框中输入"0.5行"，单击【确定】按钮，设置副标题的段间距。

间距			
段前(B)： 0.5 行		行距(N)：	设置值(A)：
段后(F)： 0.5 行		单倍行距	

☐ 在相同样式的段落间不添加空格(C)
☑ 如果定义了文档网格，则对齐到网格(W)

step 14 现在的文档副标题段落效果如下图所示。

step 15 选取所有正文文本，使用同样的方法，打开【段落】对话框的【缩进和间距】选项卡，在【行距】下拉列表中选择【固定值】选项，在其后的【设置值】微调框中输入"18磅"，单击【确定】按钮，完成行距的设置。

间距			
段前(B)：		行距(N)：	设置值(A)：
段后(F)：		固定值	18 磅

☐ 在相同样式的段落间不添加空格(C)
☑ 如果定义了文档网格，则对齐到网格(W)

预览

制表位(T)... | 设为默认值(D) | 确定 | 取消

step 16 使用同样的方法，设置第2段、第8段和第10段文本的段前、段后间距均为【0.5行】，效果如下图所示。

第4章

在 Word 中插入表格

在编辑文档时，为了更形象地说明问题，常常需要在文档中制作各种各样的表格。如课程表、学生成绩表、个人简历表、商品数据表和财务报表等。本章主要介绍 Word 2016 的表格制作和编辑等功能。

本章对应视频

4.1 创建表格

　　Word 2016 提供了多种创建表格的方法，不仅可以通过按钮或对话框完成表格的创建，还可以根据内置样式快速插入表格。如果表格比较简单，还可以直接拖动鼠标来绘制表格。

4.1.1 使用【表格】按钮

　　使用【表格】按钮可以快速打开表格网格框，使用表格网格框可以直接在文档中插入一个最大为 8 行 10 列的表格。这也是最快捷的创建表格的方法。

　　将光标定位在需要插入表格的位置，然后打开【插入】选项卡，单击【表格】组中的【表格】按钮，在弹出的菜单中会出现网格框。拖动鼠标确定要创建表格的行数和列数，然后单击就可以完成一个规则表格的创建。

　　网格框顶部出现的"m×n 表格"表示要创建的表格是 m 列 n 行。通过【表格】按钮创建表格虽然很方便，但是这种方法一次最多只能插入 8 行 10 列的表格，并且不套用任何样式，列宽是按窗口调整的。所以这种方法只适用于创建行、列数较少的表格。

4.1.2 使用【插入表格】对话框

　　使用【插入表格】对话框创建表格时，可以在建立表格的同时精确设置表格的大小。

　　打开【插入】选项卡，在【表格】组中单击【表格】按钮，在弹出的菜单中选择【插入表格】命令，打开【插入表格】对话框，在【列数】和【行数】微调框中可以指定表格的列数和行数，单击【确定】按钮。

　　一些表格的组成部分只有在所有的格式标记都显示出来之后才可以看到，如表格移动控点、行结束标记、单元格结束标记和表格缩放控点。

表格移动控点　　　　　　　　行结束标记

单元格结束标记　　　　　　　表格缩放控点

【例 4-1】创建"员工考核表"文档，在其中创建一个 9 行 6 列的表格。

视频+素材　（素材文件\第 04 章\例 4-1）

step 1　启动 Word 2016，创建一个名为"员工考核表"的文档，在其中输入标题"员工每月工作业绩考核与分析"，设置其格式为【华文细黑】【小二】【加粗】【深蓝】【居中】。

1. 输入

员工每月工作业绩考核与分析

step 2　将插入点定位到表格标题下一行，打开【插入】选项卡，在【表格】组中单击【表格】按钮，从弹出的菜单中选择【插入表格】命令。

- 插入表格(I)...
- 绘制表格(D)
- 文本转换成表格(V)...
- Excel 电子表格(X)
- 快速表格(T)　▶

step 3　打开【插入表格】对话框，在【列数】和【行数】文本框中分别输入 6 和 9，单击【确定】按钮。

1. 设置

2. 单击

step 4　此时，在文档中将插入一个 9×6 的规则表格，效果如下图所示。

员工每月工作业绩考核与分析

知识点滴

表格中的每一格称为单元格。单元格是用来描述信息的。每个单元格中的信息称为一个项目，项目可以是正文、数据，甚至可以是图形。

4.1.3　手动绘制表格

在实际应用中，行与行之间以及列与列之间都是等距的规则表格很少，在很多情况下，还需要创建各种列宽、行高都不等的不规则表格。通过 Word 2016 的绘制表格功能，可以创建不规则的行列数表格，以及绘制一些带有斜线表头的表格。

打开【插入】选项卡，在【表格】组中单击【表格】按钮，从弹出的菜单中选择【绘制表格】命令，此时鼠标光标变为形状。拖动鼠标，会出现一个表格的虚框，待达到合适大小后，释放鼠标即可生成表格的边框。

在表格边框的任意位置，单击选择一个起点，向右(或向下)拖动绘制出表格中的横线(或竖线)。

在表格的第 1 个单元格中，单击选择一个起点，向右下方拖动即可绘制一个斜线表格。

知识点滴

如果在绘制过程中出现错误，打开【表格工具】的【设计】选项卡。在【绘图边框】组中单击【擦除】按钮，待鼠标指针变成橡皮形状时，单击要删除的表格线段。按照线段的方向拖动鼠标，该线段呈高亮显示，松开鼠标，该线段将被删除。

4.1.4　插入带有格式的表格

为了快速制作出美观的表格，Word 2016 提供了许多内置表格。使用内置表格可以快速地创建具有特定样式的表格。

打开【插入】选项卡，在【表格】组中单击【表格】按钮，在弹出的菜单中选择【快速表格】命令的子命令。

此时即可插入带有格式的表格，这时表格创建完成，无须自己设置，只需在其中修改数据即可。

用户还可以打开【插入】选项卡，在【表格】组中单击【表格】按钮，在弹出的菜单

中选择【Excel 电子表格】命令。此时，即可在 Word 编辑窗口中启动 Excel 应用程序窗口，在其中编辑表格。

当表格编辑完成后，在文档任意处单击，即可退出电子表格的编辑状态，完成表格的创建操作。

4.2　编辑表格

表格创建完成后，还需要对其进行编辑操作，如在表格中选定对象，插入行、列和单元格，删除行、列和单元格，合并和拆分单元格，添加文本等，以满足不同用户的需要。

4.2.1　选定表格

对表格进行格式化之前，首先要选定表格编辑对象，然后才能对表格进行操作。

1. 选取单元格

选取单元格的方法可分为 3 种：选取一

个单元格、选取多个连续的单元格和选取多个不连续的单元格。

> 选取一个单元格：在表格中，移动鼠标到单元格的左端线上，当光标变为 ▰ 形状时，单击即可选取该单元格。

> 选取多个连续的单元格：在需要选取

的第 1 个单元格内单击并保持鼠标的按下状态，拖动到最后一个单元格。

▶ 选取多个不连续的单元格：选取第 1 个单元格后，按住 Ctrl 键不放，再分别选取其他单元格。

知识点滴

在表格中，将鼠标光标定位在任意单元格中，然后按下 Shift 键，在另一个单元格内单击，则以两个单元格为对角顶点的矩形区域内的所有单元格都被选中。

2. 选取整行

将鼠标移到表格边框的左端线附近，当鼠标光标变为 ◿ 形状时，单击即可选中该行。

3. 选取整列

将鼠标移到表格边框的上端线附近，当鼠标光标变为 ↓ 形状时，单击即可选中该列。

4. 选取表格

移动鼠标光标到表格内，表格的左上角会出现一个十字形的小方框 ⊞，右下角出现一个小方框 □，单击这两个符号中的任意一个，就可以选取整个表格。

知识点滴

将鼠标光标移到左上角的 ⊞ 上，进行拖动，整个表格将会随之移动。将鼠标光标移到右下角的 □ 上，进行拖动，可以改变表格的大小。

除了使用鼠标选定对象外，还可以使用【布局】选项卡来选定表格、行、列和单元格。方法很简单，将鼠标定位在目标单元格内，打开【表格工具】的【布局】选项卡，在【表】组中单击【选择】按钮，从弹出的菜单中选择相应的命令即可。

4.2.2 插入行、列和单元格

在创建好表格后，经常会因为一些原因需要插入一些新的行、列或单元格。

1. 插入行和列

要向表格中添加行，先选定与需要插入行的位置相邻的行，选择的行数和要增加的行数相同，然后打开【表格工具】的【布局】选项卡，在【行和列】组中单击【在上方插入】或【在下方插入】按钮即可。插入列的操作与插入行基本类似，只需在【行和列】组中单击【在左侧插入】或【在右侧插入】按钮。

此外，单击【行和列】组中的对话框启动器按钮 ⬚，打开【插入单元格】对话框，选中【整行插入】或【整列插入】单选按钮，单击【确定】按钮，同样可以插入行或列。

知识点滴

若要在表格后面添加一行，先单击最后一行的最后一个单元格，然后按下 Tab 键即可；也可以将光标定位在表格末尾结束箭头处，按下 Enter 键也可以插入新行。

2. 插入单元格

要插入单元格，可先选定若干个单元格，打开【表格工具】的【布局】选项卡，单击【行和列】组中的对话框启动器按钮 ，打开【插入单元格】对话框。

如果要在选定的单元格左边添加单元格，可选中【活动单元格右移】单选按钮，此时增加的单元格会将选定的单元格和此行中其余的单元格向右移动相应的列数；如果要在选定的单元格上边添加单元格，可选中【活动单元格下移】单选按钮，此时增加的单元格会将选定的单元格和此列中其余的单元格向下移动相应的行数，而且在表格最下方也增加了相应数目的行。

4.2.3　删除行、列和单元格

创建表格后，经常会遇到表格的行、列和单元格多余的情况。在 Word 2016 中可以很方便地完成行、列和单元格的删除操作，使表格更加紧凑美观。

1. 删除行和列

选定需要删除的行，或将鼠标放置在该行的任意单元格中。在【行和列】组中，单击【删除】按钮，在打开的菜单中选择【删除行】命令即可。删除列的操作与删除行基本类似，在弹出的删除菜单中选择【删除列】命令即可。

2. 删除单元格

要删除单元格，可先选定若干个单元格，然后打开【表格工具】的【布局】选项卡，在【行和列】组中单击【删除】按钮，在弹出的菜单中选择【删除单元格】命令，打开【删除单元格】对话框，选择移动单元格的方式即可。

知识点滴

如果选取某个单元格后，按 Delete 键，只会删除该单元格中的内容，不会从结构上删除。在打开的【删除单元格】对话框中选中【删除整行】单选按钮或【删除整列】单选按钮，可以删除包含选定的单元格在内的整行或整列。

4.2.4　合并和拆分单元格

在 Word 2016 中，允许将相邻的两个或多个单元格合并成一个单元格，也可以把一个单元格拆分为多个单元格，达到增加行数和列数的目的。

1. 合并单元格

在表格中选取要合并的单元格，打开【表格工具】的【布局】选项卡，在【合并】组中单击【合并单元格】按钮。或者在选中的单元格中右击，从弹出的快捷菜单中选择【合并单元格】命令。

Word 2016 文档处理案例教程

此时 Word 就会删除所选单元格之间的边界，建立一个新的单元格，并将原来单元格的列宽和行高合并为当前单元格的列宽和行高。

2. 拆分单元格

选取要拆分的单元格，打开【表格工具】的【布局】选项卡，在【合并】组中单击【拆分单元格】按钮，或者右击选中的单元格，在弹出的快捷菜单中选择【拆分单元格】命令，打开【拆分单元格】对话框，在【列数】和【行数】文本框中输入列数和行数即可。

【例 4-2】在"员工考核表"文档中合并和拆分单元格。

📀 视频+素材 (素材文件\第 04 章\例 4-2)

step 1 启动 Word 2016，打开"员工考核表"文档。选取表格的第 2 行的后 5 个单元格，打开【表格工具】的【布局】选项卡，在【合并】组中单击【合并单元格】按钮，合并这 5 个单元格。

step 2 使用同样的方法，合并其他的单元格。

step 3 将插入点定位在第 5 行第 2 列的单元格中，在【合并】组中单击【拆分单元格】按钮，打开【拆分单元格】对话框。在该对话框的【列数】和【行数】文本框中分别输入 1 和 3，单击【确定】按钮，此时该单元格被拆分成 3 个单元格。

step 4 使用同样的方法，拆分其他的单元格，最终效果如下图所示。

4.2.5 拆分表格

所谓拆分表格，就是将一个表格拆分为两个独立的子表格。

拆分表格时，将插入点置于要拆分的行的分界处，也就是拆分后形成的第二个表格的第一行处。打开【表格工具】的【布局】选项卡，在【合并】组中单击【拆分表格】按钮，或者按下 Ctrl+Shift+Enter 组合键，这时，插入点所在行以下的部分就从原表格中分离出来，形成另一个独立的表格。

在拆分表格时，插入点定位的那一行将成为新表格的首行。

> **知识点滴**
>
> 当表格跨页时，最好先将表格拆分为两个表格再进行调整。如果不拆分，则要设置后续页的表格中出现标题行，将插入点定位在表格第 1 行标题任意单元格中，然后打开【表格工具】的【布局】选项卡，在【数据】组中单击【重复标题行】按钮，在后续页的表格中将会显示标题行内容。

4.3 在表格中输入文本

用户可以在表格的各个单元格中输入文字，也可以对各单元格中的内容进行剪切和粘贴等操作，这和正文文本中所做的操作基本相同。

4.3.1 输入表格文本

将插入点定位在表格的单元格中，然后直接利用键盘输入文本。在表格中输入文本时，Word 2016 会根据文本的多少自动调整单元格的大小。

【例 4-3】在"员工考核表"文档中输入表格文本。

视频+素材 (素材文件\第 04 章\例 4-3)

step 1 启动 Word 2016，打开"员工考核表"文档。

step 2 将鼠标光标移动到第 1 行第 1 列的单元格处，单击鼠标左键，将插入点定位到该单元格中，输入文本"姓名"。

step 3 将插入点定位到第 1 行第 2 列的单元格中并输入表格文本，然后按 Tab 键，继续输入表格内容。

step 4 在快速访问工具栏中单击【保存】按钮，保存"员工考核表"文档。

4.3.2 设置表格文本

用户也可以使用 Word 文本格式的设置方法设置表格中文本的格式。选择单元格区域或整个表格，打开表格工具的【布局】选项卡，在【对齐方式】组中单击相应的按钮即可设置文本对齐方式。

或者右击选中的单元格区域或整个表格，在弹出的快捷菜单中选择【表格属性】命令，打开【表格属性】对话框的【表格】选项卡，选择对齐方式或文字环绕方式。

【例 4-4】在"员工考核表"文档中设置表格文本。

视频+素材 (素材文件\第 04 章\例 4-4)

step 1 启动 Word 2016，打开"员工考核表"文档。

step 2 选取文本"工作成效"和"工作态度"单元格，右击，从弹出的快捷菜单中选择【文字方向】命令，打开【文字方向-表格单元格】对话框，选择垂直排列第二种方式，单击【确定】按钮。

step 3 此时，文本将以竖直排列形式显示在单元格中。

工作成效	工作质量
	工作效率
	工作份量
工作态度	尊重领导，服从工作安排
	团结同志，横向协作精神
	遵守制度，个人品行涵养
部门经理签字		主管领导签字

step 4 选取整个表格，打开【表格工具】的【布局】选项卡，在【单元格大小】组中单击【自动调整】按钮，从弹出的菜单中选择【根据窗口自动调整表格】命令，调整表格的尺寸。

step 5 选中表格，打开【表格工具】的【布局】选项卡，在【对齐方式】组中单击【水平居中】按钮，设置文本水平居中对齐。

step 6 选取【考核内容】下的 6 个单元格，打开【表格工具】的【布局】选项卡，在【对齐方式】组中单击【中部两端对齐】按钮，选取的单元格中的文本将按该样式对齐。

step 7 选中表格，在【开始】选项卡中单击【文字颜色】下拉按钮，在弹出的面板中选择蓝色。

step 8 此时表格中文本全部显示为蓝色，最后保存文档。

4.4　设置表格格式

在创建表格并添加完内容后，通常还需对表格进行一定的修饰操作，如调整表格的行高和列宽、设置表格的边框和底纹、套用单元格样式、套用表格样式等，使表格更加美观。

Word 2016 文档处理案例教程

4.4.1 调整行高和列宽

创建表格时，表格的行高和列宽都是默认值。在实际工作中，如果觉得表格的尺寸不合适，可以随时调整表格的行高和列宽。在 Word 2016 中，可以使用多种方法调整表格的行高和列宽。

1. 自动调整

将插入点定位在表格内，打开【表格工具】的【布局】选项卡，在【单元格大小】组中单击【自动调整】按钮，从弹出的菜单中选择相应的命令，即可便捷地调整表格的行与列。

在【单元格大小】组中，单击【分布行】和【分布行】按钮，可以平均分布行或列。

2. 使用鼠标拖动进行调整

使用鼠标拖动的方法也可以调整表格的行高和列宽。先将鼠标光标指向需调整的行的下边框，待鼠标光标变成双向箭头÷时，拖动至所需位置，整个表格的高度会随着行高的改变而改变。

在使用鼠标调整列宽时，先将鼠标光标指向表格中需要调整列的边框，待鼠标光标变成双向箭头╫时，使用下面几种不同的操作方法，可以达到不同的效果。

➤ 以鼠标光标拖动边框，则边框左右两列的宽度发生变化，而整个表格的总体宽度不变。

➤ 按下 Shift 键，然后拖动，则边框左边一列的宽度发生改变，整个表格的总体宽度随之改变。

➤ 按下 Ctrl 键，然后拖动，则边框左边一列的宽度发生改变，边框右边各列也发生均匀的变化，而整个表格的总体宽度不变。

3. 使用对话框进行调整

如果表格尺寸要求的精确度较高，可以使用【表格属性】对话框，以输入数值的方式精确地调整行高与列宽。

将插入点定位在表格内，在【表格工具】的【布局】选项卡的【单元格大小】组中单击对话框启动器按钮，打开【表格属性】对话框，打开【行】选项卡，选中【指定高度】复选框，在其后的数值微调框中输入数值。单击【下一行】按钮，将鼠标光标定位在表格的下一行，进行相同的设置即可。

打开【列】选项卡，选中【指定宽度】复选框，在其后的微调框中输入数值。单击【后一列】按钮，将鼠标光标定位在表格的下一列，可以进行相同的设置。

66

【例 4-5】在"员工考核表"文档中，调整表格的行高和列宽。

视频+素材 (素材文件\第 04 章\例 4-5)

step 1 启动 Word 2016 应用程序，打开"员工考核表"文档。

step 2 将插入点定位在第 1 行任意单元格中，在【表格工具】的【布局】选项卡的【单元格大小】组中单击对话框启动器按钮，打开【表格属性】对话框。打开【行】选项卡，选中【指定高度】复选框，在【指定高度】文本框中输入"1 厘米"，在【行高值是】下拉列表中选择【固定值】选项。

step 3 单击【下一行】按钮，使用同样的方法设置第 2 行的【指定高度】为 1.5 厘米，设置【行高值是】为【固定值】选项。

step 4 使用同样的方法设置所有行的【指定高度】和【行高值是】选项，单击【确定】按钮。

step 5 选择文字 A、B、C、D 所在单元格，在【表格工具】的【布局】选项卡的【单元格大小】组中单击对话框启动器按钮，打开【表格属性】对话框。打开【列】选项卡，选中【指定宽度】复选框，在其后的微调框中输入"2 厘米"，单击【确定】按钮。

step 6 此时，即可完成选中单元格列宽的设置，效果如下图所示。

step 7 将插入点定位在表格任意单元格中，使用同样的方法打开【表格属性】对话框的【表格】选项卡，在【对齐方式】选项区域中选择【居中】选项，单击【确定】按钮，设置表格在文档中居中对齐。

step 8 最后表格的效果如下图所示。

step 9 在快速访问工具栏中单击【保存】按钮，保存修改设置后的文档。

> **知识点滴**
>
> 移动表格是在编辑表格时常用的操作，方法很简单，单击表格左上角的十字形的小方框 ⊞，按住左键不放，将其拖动到目标位置，松开鼠标，即可将表格移动到目标位置。

4.4.2 设置边框和底纹

一般情况下，Word 2016 会自动设置表格使用 0.5 磅的单线边框。如果对表格的样式不满意，则可以重新设置表格的边框和底纹，从而使表格结构更为合理美观。

1. 设置表格边框

表格的边框包括整个表格的外边框和表格内部各单元格的边框线，对这些边框线设置不同的样式和颜色可以让表格所表达的内容一目了然。

打开表格工具的【设计】选项卡，在【表格样式】组中单击【边框】下拉按钮，在弹出的下拉菜单中可以为表格设置边框。

若选择【边框和底纹】命令，则打开【边框和底纹】对话框的【边框】选项卡，在【设置】选项区域中可以选择表格边框的样式；在【样式】列表框中可以选择边框线条的样式；在【颜色】下拉列表框中可以选择边框的颜色；在【宽度】下拉列表框中可以选择边框线条的宽度；在【应用于】下拉列表框中可以设定边框应用的对象。

💡 知识点滴

边框添加完成后，可以在【绘图边框】组中设置边框的样式和颜色。单击【笔样式】下拉按钮，在弹出的下拉列表中选择边框样式；单击【笔划粗细】下拉按钮，在弹出的下拉列表中选择边框的粗细；单击【笔颜色】下拉按钮，在弹出的下拉面板中可以选择一种边框颜色。

2. 设置单元格和表格底纹

设置单元格和表格底纹就是对单元格和表格设置填充颜色，起到美化及强调文字的作用。

打开表格工具的【设计】选项卡，在【表格样式】组中单击【底纹】下拉按钮，在弹出的下拉列表中选择一种底纹颜色。

其中，在【底纹】下拉列表中还包含两个命令，选择【其他颜色】命令，打开【颜色】对话框，在该对话框中对底纹的颜色选择标准色或自定义设置需要的颜色。

打开【边框和底纹】对话框的【底纹】选项卡，在【填充】下拉列表框中可以设置表格底纹的填充颜色；在【图案】选项区域中的【样式】下拉列表框中可以选择填充图案的其他样式；在【应用于】下拉列表框中可以设定底纹应用的对象。

【例 4-6】在"员工考核表"文档中，设置表格边框和单元格底纹。

🎬 视频+素材 (素材文件\第 04 章\例 4-6)

step 1 启动 Word 2016 应用程序，打开"员工考核表"文档。

step 2 将插入点定位在表格中，打开【表格工具】的【设计】选项卡，在【表格样式】组中单击【边框】按钮，从弹出的菜单中选择【边框和底纹】命令，打开【边框和底纹】对话框。打开【边框】选项卡，在【设置】选项区域中选择【虚框】选项，在【样式】列表框中选择双线型，在【颜色】下拉列表框中选择【紫色】色块，在【宽度】下拉列表框中选择1.5磅，单击【确定】按钮。

step 3 此时完成边框的设置，表格边框效果如下图所示。

step 4 选中表格的第1、3行，在【表格样式】组中单击【底纹】按钮，从弹出的颜色面板中选择【浅绿】色块。

step 5 此时完成底纹的设置，选中表格行的底纹效果如下图所示。

4.4.3　套用表格样式

Word 2016 为用户提供了 100 多种内置的表格样式，这些内置的表格样式提供了各种现成的边框和底纹设置。使用它们，可以快速为表格自动套用样式。

打开【表格工具】的【设计】选项卡，在【表样样式】组中，单击【其他】按钮，在弹出的下拉列表中选择需要的外观样式，即可为表格套用样式。

在弹出的下拉列表中选择【新建表格样式】命令，打开【根据格式设置创建新样式】对话框，可以自定义表格样式。

4.5 表格的高级应用

在 Word 2016 的表格中，可以对表格进行一些高级操作，如计算与排序表格中的数据、表格与文本的相互转换等。

4.5.1 表格数据计算

在 Word 表格中，可以对其中的数据执行一些简单的运算，以方便、快捷地得到计算结果。通常情况下，用户可以通过输入带有加、减、乘、除等运算符的公式进行计算，也可以使用 Word 2016 附带的函数进行较为复杂的计算。

知识点滴

Word 的每个表格单元格中的值用列字母和行号表示。例如，A1 表示第一列和第一行中的单元格，B2 表示第二列和第一行中的单元格，以此类推其他单元格。

【例 4-7】在"年度考核表"文档中，计算年度考核总分以及各季度考核平均分。

视频+素材 (素材文件\第 04 章\例 4-7)

step 1 启动 Word 2016 应用程序，打开创建好的"年度考核表"文档。

step 2 将插入点定位在 G2 单元格中，打开【表格工具】的【布局】选项卡，在【数据】组中单击【公式】按钮。

step 3 打开【公式】对话框，在【公式】文本框中输入"=SUM(LEFT)"，然后单击【确定】按钮，计算出员工【曹阳】的年度考核总分。

知识点滴

在使用 LEFT、RIGHT、ABOVE 函数求和时，如果对应的左侧、右侧、上面的单元格有空白单元格时，Word 将从最后一个不为空且是数字的单元格开始计算。如果要计算的单元格内存在异常的对象如文本时，Word 公式计算时会忽略这些文本。

step 4 使用相同的方法，计算出其他员工的年度考核总分。

step 5 将插入点定位在第 10 行第 2 列的单元格中，打开【表格工具】的【布局】选项卡，在【数据】组中单击【公式】按钮，打开【公式】对话框，在【公式】文本框中输入 "=AVERAGE(C2:C9)"，表示对 C2 到 C9 单元格区域内的数据求平均值。

step 6 此时计算出第一季度考核的平均成绩。

step 7 使用同样的方法，计算出其他季度考核的平均成绩。

4.5.2 表格数据排序

在 Word 2016 中，可以方便地将表格中的文本、数字、日期等数据按升序或降序的顺序进行排序。

选中需要排序的表格或单元格区域，打开【表格工具】的【布局】选项卡，在【数据】组中单击【排序】按钮，打开【排序】对话框。

【排序】对话框中有 3 种关键字，分别为主要关键字、次要关键字和第三关键字。在排序过程中，将依照主要关键字进行排序，而当有相同记录时，则依照次要关键字进行排序，最后当主要关键字和次要关键字都有相同记录时，则依照第三关键字进行排序。在关键字下拉列表中，将分别以列 1、列 2、列 3……表示表格中的每个字段列。在每个关键字后的【类型】下拉列表框中可以选择【笔画】【数字】【日期】和【拼音】等排序类型；通过选中【升序】或【降序】单选按钮来选择数据的排序方式。

【例 4-8】 在"年度考核表"文档中，将数据年度考核总分以从高到低的顺序进行排序。

视频+素材 (素材文件\第 04 章\例 4-8)

step 1 启动 Word 2016 应用程序，打开"年度考核表"文档。

step 2 将插入点定位在表格任意单元格中，打开【表格工具】的【布局】选项卡，在【数据】组中单击【排序】按钮，打开【排序】对话框，在【主要关键字】下拉列表框中选择【年度考核总分】选项，在【类型】下拉列表中选择【数字】选项，选中【降序】单选按钮。

step 3 此时表格中的数据按年度考核总分从高到低的顺序进行排序。

年度考核表

员工编号	员工姓名	第一季度考核成绩	第二季度考核成绩	第三季度考核成绩	第四季度考核成绩	年度考核总分
0002	陈永	100	100	99	100	397
0001	曹阳	94.5	97.5	92	96	380
0003	孙可	95	90	95	90	370
0004	蒋天	90	88	96	87.4	361.4
0005	陈晓丽	85.6	85.8	97	85	353.4
0008	李长法	83	90	93.4	84.6	351
0006	王小波	84	85	95.8	84.1	348.9
0007	陈睿华	83	82	94.6	83.6	343.2
各季度考核平均分		89.39	89.54	95.35	88.84	

4.5.3　表格与文本之间的转换

在 Word 2016 中，可以将文本转换为表格，也可以将表格转换为文本。要把文本转换为表格，应首先将需要进行转换的文本格式化，即把文本中的每一行用段落标记隔开，每一列用分隔符(如逗号、空格、制表符等)分开，否则系统将不能正确识别表格的行列分隔，从而导致不能正确转换。

1. 将表格转换为文本

将表格转换为文本，可以去除表格线，仅将表格中的文本内容按原来的顺序提取出来，但会丢失一些特殊的格式。

选取表格，打开【表格工具】的【布局】选项卡，在【数据】组中单击【转换为文本】按钮，打开【表格转换成文本】对话框。在对话框中选择将原表格中的单元格文本转换成文字后的分隔符的选项，单击【确定】按钮即可。

年度考核表

员工编号	员工姓名	第一季度考核成绩	第二季度考核成绩	第三季度
考核成绩	第四季度考核成绩	年度考核总分		
0002	陈东	100	98	99	100	397
0001	曹阳	94.5	97.5	92	96	380
0003	孙可	95	90	95	90	370
0004	蒋天	90	88	96	87.4	361.4
0005	陈晓丽	85.6	85.8	97	85	353.4
0008	李长法	83	90	93.4	84.6	351
0006	王小波	84	85	95.8	84.1	348.9
0007	陈春华	83	82	94.6	83.6	343.2
各季度考核平均分:		89.39	89.54	95.35	88.84	

2. 将文本转换为表格

将文本转换为表格与将表格转换为文本不同，在转换前必须对要转换的文本进行格式化。文本的每一行之间要用段落标记符隔开，每一列之间要用分隔符隔开。列之间的分隔符可以是逗号、空格、制表符等。

将文本格式化后，打开【插入】选项卡，在【表格】组中单击【表格】按钮，在弹出的菜单中选择【文本转换成表格】命令，打开【将文字转换成表格】对话框。

在【表格尺寸】选项区域中，【行数】和【列数】文本框中的数值都是根据段落标记符和文字之间的分隔符来确定的，用户也可自

已修改。在【"自动调整"操作】选项区域中，可以根据窗口或内容来调整表格的大小。

> **知识点滴**
>
> 使用文本创建的表格，与直接创建的表格一样，可进行套用表格样式、编辑表格、设置表格的边框和底纹等操作。

4.6 案例演练

本章的案例演练部分为制作价目表等几个综合实例操作，用户通过练习从而巩固本章所学知识。

4.6.1 制作价目表

【例 4-9】创建一个"酒类价目表"文档，插入表格并进行编辑。

🎬 视频+素材 (素材文件\第 04 章\例 4-9)

step 1 启动 Word 2016 应用程序，新建一个"酒类价目表"文档，输入表格标题"酒类价目表"并设置其文本格式。

step 2　将鼠标插入点定位在标题的下一行，打开【插入】选项卡，在【表格】组中单击【表格】按钮，在弹出的下拉菜单中选择【插入表格】命令。

step 3　在打开的【插入表格】对话框的【列数】和【行数】文本框中分别输入 6 和 10，然后选中【固定列宽】单选按钮，在其后的微调框中选择【自动】选项，单击【确定】按钮。

step 4　此时在文档中插入一个 6×10 的规则表格。

step 5　将插入点定位到表格第 1 行第 1 列单元格中，输入文本"品名"。

step 6　使用同样的方法，依次在单元格中输入文本。

step 7　选中文档中表格的第 1 行。

step 8 打开【表格工具】的【布局】选项卡，在【单元格大小】组中单击对话框启动器按钮 。

step 9 打开【表格属性】对话框的【行】选项卡，在【尺寸】选项区域中选中【指定高度】复选框，在其右侧的微调框中输入"0.8厘米"，在【行高值是】下拉列表中选择【固定值】选项，单击【确定】按钮，完成行高的设置。

step 10 选定表格的第 2、3、4、5、6 列，打开【表格属性】对话框的【列】选项卡。选中【指定宽度】复选框，在其右侧的微调框中输入"2厘米"，单击【确定】按钮，完成列宽的设置。

step 11 最后文档中表格的效果将如下图所示。

4.6.2 制作学员注册表

【例 4-10】创建"学员注册表"文档，输入文本并编辑表格。

🔘 视频+素材 (素材文件\第 04 章\例 4-10)

step 1 启动 Word 2016 应用程序，新建一个空白文档，并将其以"学员注册表"为名保存。

step 2 将光标插入文档开始处，输入标题文本"学员培训登记表"，然后按 Enter 键，继续输入文本内容，其中包括英文、数字和标点符号。

step 3 选中标题文本"学员培训登记表"，在【开始】选项卡的【字体】组中设置字体为【黑体】，字号为【小二】，文本居中对齐。

step 4 单击【字体】组的对话框启动器按钮，打开【字体】对话框中的【高级】选项卡，在【间距】下拉列表中选择【加宽】选项，在【磅值】微调框中输入"3磅"，单击【确定】按钮，完成标题文本字体间距的设置。

step 5 使用同样的方法，设置第 2 行文本的字体为【楷书】，字形为【加粗】，文本右对齐。

step 6 选择最后一段文本，在【段落】组中单击对话框启动器按钮，打开【段落】对话框的【缩进和间距】选项卡。

step 7 在【缩进】选项区域中，单击【特殊格式】下拉按钮，从弹出的下拉列表中选择

【首行缩进】选项，并在其后的【缩进值】微调框中输入"2字符"，单击【确定】按钮，完成段落首行缩进的设置。

step 8 将插入点定位在第 3 行，打开【插入】选项卡，在【表格】组中单击【表格】按钮，从弹出的菜单中选择【插入表格】命令。

step 9 打开【插入表格】对话框，在【列数】和【行数】文本框中分别输入 7 和 24，单击【确定】按钮，在文档中插入表格。

step 10 选中第 7 列前 5 行的单元格区域，在【表格工具】的【布局】选项卡的【合并】组中单击【合并单元格】按钮，将其合并为一个单元格，效果如下图所示。

step 11 使用同样的方法，合并其他单元格。

step 12 将插入点定位在表格第一个单元格中，输入文本。按 Tab 键，移动单元格，继续输入表格文本。

step 13 单击田按钮，选中整个表格，打开【表格工具】的【布局】选项卡，在【对齐方式】组中单击【水平居中】按钮，设置表格文本居中对齐显示。

step⑭ 分别选中"照片""个人简历"和"备注"单元格文字，右击，在弹出的快捷菜单中选择【文字方向】命令。

step⑮ 打开【文字方向-表格单元格】对话框，选择竖排文字选项，单击【确定】按钮。

step⑯ 此时三处表格文字为竖排显示，效果如下图所示。

step⑰ 选中整个表格，打开【表格工具】的【设计】选项卡，在【边框】组中单击【边框】下拉按钮，在弹出菜单中选择【边框和底纹】命令。

step⑱ 打开【边框和底纹】对话框，在【边框】选项卡中设置【虚框】、双线样式、颜色为浅绿、宽度为 1.5 磅，完成表格边框的设置。

step⑲ 打开【边框和底纹】对话框的【底纹】选项卡，设置【填充】为浅蓝色、【样式】为 5%、颜色为白色，单击【确定】按钮，完成表格底纹的设置。

step ⑳ 此时预览表格效果，效果如下图所示。

4.6.3 制作公司考勤表

【例 4-11】创建"公司考勤表"文档，输入文本并编辑表格。

视频+素材 （素材文件\第 04 章\例 4-11）

step ① 启动 Word 2016 应用程序，新建一个空白文档，并将其保存为"公司考勤表"，输入标题"公司考勤表"，然后设置其字体为【方正粗活意简体】、字号为【二号】、对齐方式为【居中】。

step ② 将光标定位在第 2 行，输入相关文本，其中下划线可配合【下划线】按钮和空格键来完成。

step ③ 选中标题"公司考勤表"，在【开始】选项卡的【段落】组中，单击对话框启动器按钮，打开【段落】对话框，在【缩进和间距】选项卡中设置段后间距为【0.5 行】，行距为【最小值】、【0 磅】，然后单击【确定】按钮。

step ④ 继续保持选中标题文本，在【段落】组中单击【边框和底纹】下拉按钮，选择【边框和底纹】命令。

step 5 打开【边框和底纹】对话框，切换至
【底纹】选项卡，在【填充】下拉列表中选
择【蓝色，个性色 1，淡色 60%】；在【应用
于】下拉列表框中选择【段落】选项，然后
单击【确定】按钮。

step 6 此时为标题文本添加底纹，效果如下
图所示。

step 7 将光标定位在第 3 行，打开【插入】
选项卡，在【表格】组中单击【表格】按钮，
从弹出的菜单中选择【插入表格】命令。

step 8 打开【插入表格】对话框，在【列数】
微调框中输入 "11"，在【行数】微调框中输
入 "16"，单击【确定】按钮。

step 9 此时在文本下插入一个 11×16 的表格。

step 12 选中整个表格，打开【表格工具】的【布局】选项卡，在【对齐方式】组中单击【居中】按钮，设置表格中文本的对齐方式。

step 10 选择 A1 和 A2 单元格，打开【表格工具】的【布局】选项卡，在【合并】组中单击【合并单元格】按钮，合并单元格。

step 13 在【开始】选项卡中设置表格内文本的字体格式，并使用鼠标拖动的方法调整表格的行高和列宽。

step 11 使用同样的方法，合并其他单元格，并输入相应文本。

step 14 选中"六"和"日"两个单元格，在【开始】选项卡的【段落】组中单击【底纹】下拉按钮，为单元格选择深红色底纹。

step ⑮ 选择表格内其余带文字的单元格，在【开始】选项卡的【段落】组中单击【底纹】下拉按钮，在弹出的面板中选择【蓝色，个性色 1，淡色 60%】底纹。

step ⑯ 此时表格底纹的效果如下图所示。

公司考勤表

step ⑰ 选中整个表格，打开【表格工具】的【设计】选项卡，在【边框】组中单击【边框】下拉按钮，在弹出菜单中选择【边框和底纹】命令。

- 内部框线(I)
- 内部横框线(H)
- 内部竖框线(V)
- 斜下框线(W)
- 斜上框线(U)
- 横线(Z)
- 绘制表格(D)
- 查看网格线(G)　1. 选中
- 边框和底纹(O)...

step ⑱ 打开【边框和底纹】对话框，切换至【边框】选项卡，在左侧选中【全部】选项，在【颜色】下拉列表中选择【蓝色】选项。

step ⑲ 打开【边框和底纹】对话框的【页面边框】选项卡，在左侧选中【方框】选项，设置【颜色】为浅蓝色、【样式】为双线、单击【确定】按钮。

step ⑳ 此时预览表格效果，效果如下图所示。

第5章

插几修饰对象

　　在 Word 文档中适当地插入一些图形和图片，不仅会使文章显得生动有趣，还能帮助读者更直观地理解文章内容。本章将主要介绍 Word 2016 的绘图和图形处理功能，从而实现文档的图文混排。

本章对应视频

5.1 插入图片

为了使文档更加美观、生动，可以在其中插入图片。在 Word 2016 中，不仅可以插入系统提供的图片剪贴画；还可以从其他程序或位置导入图片；甚至可以使用屏幕截图功能直接从屏幕中截取画面。

5.1.1 插入电脑中的图片

在 Word 2016 中可以从电脑磁盘的其他位置中选择要插入的图片文件。这些图片文件可以是 Windows 的标准 BMP 位图，也可以是其他应用程序所创建的图片，如 CorelDraw 的 CDR 格式矢量图片、JPEG 压缩格式的图片、TIFF 格式的图片等。

【例 5-1】在"酒"文档中插入电脑中的图片。

视频+素材 (素材文件\第 05 章\例 5-1)

step 1 启动 Word 2016 应用程序，打开"酒"文档，将插入点定位在文档中合适的位置上，然后打开【插入】选项卡，在【插图】组中单击【图片】按钮。

step 2 在打开的【插入图片】对话框中选中图片，单击【插入】按钮。

step 3 选中文档中插入的图片，然后单击图片右侧显示的【布局选项】按钮，在弹出的选项区域中选择【紧密型环绕】选项。

step 4 使用鼠标单击图片并按住不放调整其位置，使其效果如下图所示。

5.1.2 插入联机图片

Word 所提供的联机图片内容非常丰富，设计精美、构思巧妙，能够表达不同的主题，适合于制作各种文档。

要插入联机图片，打开【插入】选项卡，然后在【插图】组中单击【联机图片】按钮，打开【插入图片】窗格，在文本框中输入搜索关键字，比如"酒"，按下回车键。

此时将自动查找相关网络上关键字联机图片，选中所需的图片(可以选择多张图片)，然后单击【插入】按钮，即可将联机图片插入 Word 文档中。

5.1.3　插入屏幕截图

如果需要在 Word 文档中使用网页中的某个图片或者图片的一部分，则可以使用 Word 2016 提供的【屏幕截图】功能来实现。

打开【插入】选项卡，在【插图】组中单击【屏幕截图】按钮，在弹出的菜单中选择一个需要截图的窗口，即可将该窗口截取，并显示在文档中。

5.1.4　编辑图片

在文档中插入图片后，经常还需要进行设置才能达到用户的需求，可以设置图片颜色、大小、版式和样式等，让图片看起来更漂亮。

1．调整图片的大小和位置

选中文档中插入的图片，将指针移动至图片右下角的控制柄上，当指针变成双向箭头形状时按住鼠标左键拖动。

当图片大小变化为合适的大小后，释放鼠标即可改变图片大小。

2. 裁剪图片

如果只需要插入图片中的某一部分，可以对图片进行裁剪，将不需要的部分裁掉。

选择文档中需要裁剪的图片，在【格式】选项卡的【大小】组中单击【裁剪】下拉按钮，在弹出的菜单中选择【裁剪】命令。

按下回车键，即可裁剪图片，并显示裁剪后的图片效果。

3. 选择图片样式

Word 2016 提供了图片样式，用户可以选择图片样式快速地对图片进行设置。

选择图片，在【格式】选项卡的【图片样式】组中单击【其他】按钮，在弹出的下拉列表中选择一种图片样式，此时，图片将应用设置的图片样式。

4. 设置图片颜色

如果用户对图片的颜色不满意，可以对图片颜色进行调整。在 Word 2016 中，可以快速得到不同的图片颜色效果。

选择文档中的图片，在【格式】选项卡的【调整】组中单击【颜色】下拉按钮，在展开的库中选择需要的图片颜色。

5. 应用艺术效果

Word 2016 提供了多种图片艺术效果，用户可以直接选择所需的艺术效果对图片进行调整。

选中文档中的图片，在【格式】选项卡的【调整】组中单击【艺术效果】下拉按钮，在展开的库中选择一种艺术字效果，例如"线条图"。此时，将显示图片的艺术处理效果。

5.2 插入艺术字

Word 2016 提供了艺术字功能，可以把文档的标题以及需要特别突出的地方用艺术字显示出来，使文章更生动醒目。使用 Word 2016 可以创建出各种文字的艺术效果，甚至可以把文本扭曲成各种各样的形状或设置为具有三维轮廓的效果。

5.2.1 添加艺术字

打开【插入】选项卡，在【文本】组中单击【插入艺术字】按钮，打开艺术字列表框，在其中选择艺术字的样式，即可在 Word 文档中插入艺术字。插入艺术字的方法有两种：一种是先输入文本，再将输入的文本设置为艺术字样式；另一种是先选择艺术字样式，再输入需要的艺术字文本。

【例 5-2】在"酒"文档中插入艺术字。
视频+素材 （素材文件\第 05 章\例 5-2）

step 1 启动 Word 2016 应用程序，打开"酒"文档。

step 2 打开【插入】选项卡，在【文本】组中单击【插入艺术字】按钮，打开艺术字列表框，选择一个样式，即可在插入点处插入所选的艺术字样式。

step 3 此时在文档中将插入一个艺术字输入框。

step 4 切换至中文输入法，在艺术字输入框内的提示文本"请在此放置您的文字"处输入文本"酒"，然后拖动鼠标调整艺术字的位置和大小。

用户也可以先输入文本，再将文本设置为艺术字样式，选中文本，在【开始】选项卡的【字体】组中单击【文字效果】按钮，从弹出的艺术字列表框中选择一种艺术字样式即可。

5.2.2 编辑艺术字

选中艺术字，系统自动会打开【绘图工具】的【格式】选项卡。使用该选项卡中的相应工具，可以设置艺术字的样式、填充效果等属性，还可以对艺术字进行大小调整、旋转或添加阴影、添加三维效果等操作。

【例 5-3】在"酒"文档中，编辑艺术字。
视频+素材 (素材文件\第 05 章\例 5-3)

step 1 启动 Word 2016 应用程序，打开"酒"文档。

step 2 选中文档中插入的艺术字，在【开始】选项卡的【字体】组中设置艺术字的字体为【方正舒体】。

step 3 打开【格式】选项卡，在【艺术字样式】组中单击【文字效果】按钮 A，从弹出的下拉菜单中选择【映像】|【紧密映像，4pt偏移量】选项，为艺术字应用映像效果。

step 4 完成艺术字格式的设置操作后，文档中艺术字的最终效果如下图所示。

在【绘图工具】的【格式】选项卡的【艺术字样式】组中单击【文本填充】按钮，可以选择使用纯色、图片或纹理填充文本；单击【文本轮廓】按钮，可以设置文本轮廓的颜色、宽度和线型。

5.3 插入 SmartArt 图形

Word 2016 提供了 SmartArt 图形功能，用来说明各种概念性的内容，使文档更加形象生动。

5.3.1 创建 SmartArt 图形

要插入 SmartArt 图形，打开【插入】选项卡，在【插图】组中单击 SmartArt 按钮，打开【选择 SmartArt 图形】对话框，根据需要选择合适的类型即可。

在【选择 SmartArt 图形】对话框中，主要列出了如下几种 SmartArt 图形类型。

▶ 列表：显示无序信息。

▶ 流程：在流程或时间线中显示步骤。

▶ 循环：显示连续的流程。

▶ 层次结构：创建组织结构图，显示决策树。

▶ 关系：对连接进行图解。

▶ 矩阵：显示各部分如何与整体关联。

▶ 棱锥图：显示与顶部或底部最大一部分之间的比例关系。

▶ 图片：显示嵌入图片与文字的结构图。

5.3.2 编辑 SmartArt 图形

在文档中插入 SmartArt 图形后，如果对预设的效果不满意，则可以在 SmartArt 工具的【设计】和【格式】选项卡中对其

进行编辑操作，如添加和删除形状，套用形状样式等。

【例 5-4】在"元宵灯会"文档中，插入并设置 SmartArt 图形。

⊙ 视频+素材 (素材文件\第 05 章\例 5-4)

step 1 启动 Word 2016 应用程序，打开"元宵灯会"文档，将鼠标指针插入文档中需要插入 SmartArt 图形的位置。

step 2 打开【插入】选项卡，在【插图】组中单击 SmartArt 按钮，打开【选择 SmartArt 图形】对话框，然后在该对话框左侧的列表框中选择【关系】选项，在右侧的列表框中选中【循环关系】选项，单击【确定】按钮。

step 3 将鼠标指针插入 SmartArt 图形中的占位符，然后在其中输入文本，并设置文本

的字号大小。

step 4 选择【设计】选项卡，然后在【SmartArt 样式】组中单击【更改颜色】下拉列表按钮，在弹出的下拉列表中选择一个选项。

step 5 选择【格式】选项卡，然后在【艺术字样式】组中单击【其他】按钮，在弹出的列表框中选择 SmartArt 图形中艺术字的样式。

step 6 最后设置完毕的 SmartArt 图形的效果如下图所示。

5.4 插入自选图形

　　Word 2016 包含一套可以手工绘制的现成形状，包括直线、箭头、流程图、星与旗帜、标注等，这些图形称为自选图形。

5.4.1 绘制自选图形

　　使用 Word 提供的功能强大的绘图工具，就可以在文档中绘制这些自选图形。在文档中，用户可以使用这些图形添加一个形状，或合并多个形状生成一个绘图或一个更为复杂的形状。

　　打开【插入】选项卡，在【插图】组中单击【形状】按钮，从弹出的列表中选择图形按钮，在文档中拖动鼠标即可绘制对应的图形。

5.4.2　编辑自选图形

绘制完自选图形后，系统自动打开【绘图工具】的【格式】选项卡，使用该功能区中相应的命令按钮可以设置自选图形的格式。例如，设置自选图形的大小、形状样式和位置等。

【例 5-5】在"元宵灯会"文档中，绘制自选图形并设置其格式。

📹 视频+素材　(素材文件\第 05 章\例 5-5)

step 1 启动 Word 2016 应用程序，打开"元宵灯会"文档，打开【插入】选项卡，在【插图】组中单击【形状】下拉列表按钮，在弹出的列表框的【基本形状】区域中选择【折角形】选项。

step 2 将鼠标指针移至文档中，按住左键并拖动鼠标绘制自选图形。

step 3 选中绘制的自选图形，右击，从弹出的快捷菜单中选择【添加文字】命令，此时即可在自选图形中输入文字。

step 4 单击并按住自选图形边框的控制点调整自选图形的大小。

step 5 右击自选图形，在弹出的菜单中选择【其他布局选项】命令，打开【布局】对话框，选中【文字环绕】选项卡，选中【四周型】选项后，单击【确定】按钮。

step 6 选中自选图形，并按住拖动其在文档中的位置。

step 7 选择【格式】选项卡，然后在【形状样式】组中单击【其他】按钮，在弹出的下拉列表中选择一种样式，修改自选图形的样式。

5.5 插入文本框

　　文本框是一种图形对象，它作为存放文本或图形的容器，可置于页面中的任何位置，并可随意地调整其大小。在 Word 2016 中，文本框用来建立特殊的文本，并且可以对其进行一些特殊格式的处理，如设置边框、颜色等。

5.5.1 插入内置文本框

　　Word 2016 提供了多种内置文本框，如简单文本框、边线型提要栏和大括号型引述等。通过插入这些内置文本框，可快速制作出优秀的文档。

　　打开【插入】选项卡，在【文本】组中单击【文本框】下拉按钮，从弹出的列表框中选择一种内置的文本框样式，即可快速地将其插入文档的指定位置。

【例5-6】在"元宵灯会"文档中插入简单文本框。

视频+素材 (素材文件\第05章\例5-6)

step 1 启动 Word 2016 应用程序,打开"元宵灯会"文档,将鼠标指针置于文档中需要插入文本框的位置,然后打开【插入】选项卡,在【文本】组中单击【文本框】下拉按钮,在弹出的下拉列表中选中【边线型提要栏】选项。

step 2 此时,将在文档中插入文本框,将鼠标指针插入文本框中,即可在其中输入文本内容。

实用技巧

插入内置文本框后,程序会自动选中文本框中的文本。此时,通过直接输入文本的方法来修改文本框中的内容,无须手动去选取文本。

5.5.2 绘制文本框

除了可以通过内置的文本框插入文本框外,在 Word 2016 中还可以根据需要手动绘制横排或竖排文本框。该文本框主要用于插入图片和文本等。

打开【插入】选项卡,在【文本】组中单击【文本框】按钮,从弹出的下拉菜单中选择【绘制文本框】或【绘制竖排文本框】命令。此时,当鼠标指针变为十字形状时,在文档的适当位置单击并拖动到目标位置,释放鼠标,即可绘制出以拖动的起始位置和终止位置为对角顶点的文本框。

【例5-7】在"元宵灯会"文档中绘制文本框。

视频+素材 (素材文件\第05章\例5-7)

step 1 启动 Word 2016 应用程序,打开"元宵灯会"文档,选择【插入】选项卡,在【文本】组中单击【文本框】按钮,从弹出的下拉菜单中选择【绘制文本框】命令。

step 2 将鼠标移动到合适的位置,当鼠标指针变成"十"字形时,拖动鼠标指针绘制横排文本框。

单击【填充线条】按钮，可以在显示的选项区域中设置文本框的填充效果。

step 3 释放鼠标指针，完成绘制操作，此时在文本框中将出现闪烁的插入点。

step 3 在【形状选项】选项卡中单击【效果】按钮，可在打开的选项区域中设置文本框的特殊效果，例如阴影、发光等。

step 4 在文本框的插入点处输入文本。

step 4 在【形状选项】选项卡中单击【布局属性】按钮，可以在打开的选项区域中设置文本框的布局方式。

5.5.3 设置文本框

绘制文本框后，自动打开【绘图工具】的【格式】选项卡，使用该选项卡中的相应工具按钮，可以设置文本框的各种效果。

【例 5-8】 在"元宵灯会"文档中设置文本框格式。

视频+素材 (素材文件\第 05 章\例 5-8)

step 1 启动 Word 2016 应用程序，打开"元宵灯会"文档，右击绘制的横排文本框，从弹出的快捷菜单中选择【设置形状格式】命令。

step 2 在打开的【设置形状格式】窗格中选择【形状选项】选项卡，然后在该选项卡中

5.6　插入图表

Word 2016 提供了建立图表的功能，用来组织和显示信息。与文字数据相比，形象直观的图表更容易让人理解。在文档中适当插入图表可使文本更加直观、生动、形象。

5.6.1　图表的结构和类型

Word 2016 提供了大量预设的图表。使用它们，可以快速地创建用户所需的图表。下面简单介绍图表的结构和类型。

1. 图表的结构

图表的基本结构包括：图表区、绘图区、图表标题、数据系列、网格线、图例等。图表的各主要组成部分介绍如下。

▶ 图表标题：图表标题在图表中起到说明性的作用，是图表性质的大致概括和内容总结，它相当于一篇文章的标题并可用来定义图表的名称。它可以自动与坐标轴对齐或居中排列于图表坐标轴的外侧。

▶ 图表区：在 Word 2016 中，图表区指的是包含绘制的整张图表及图表中元素的区域。

▶ 绘图区：绘图区是指图表中的整个绘制区域。二维图表和三维图表的绘图区有所区别。在二维图表中，绘图区是以坐标轴为界并包括全部数据系列的区域；而在三维图表中，绘图区是以坐标轴为界并包含数据系列、分类名称、刻度线和坐标轴标题的区域。

▶ 数据系列：在 Word 中，数据系列又称为分类，它指的是图表上的一组相关数据点。在 Word 2016 图表中，每个数据系列都用不同的颜色和图案加以区别。每一个数据系列分别来自于工作表的某一行或某一列。

▶ 网格线：网格线是图表中从坐标轴刻度线延伸并贯穿整个绘图区的可选线条系列。网格线的形式有多种：水平的、垂直的、主要的、次要的，用户还可以根据需要对它们进行组合。

▶ 图例：在图表中，图例是包围图例项和图例项标示的方框，每个图例项左边的图例项标示和图表中相应数据系列的颜色与图案相一致。

▶ 数轴标题：用于标记分类轴和数值轴的名称，在 Word 2016 默认设置下其位于图表的下面和左面。

2. 图表的类型

Word 提供了多种图表，如柱形图、折线图、饼图、条形图、面积图和散点图等，各种图表各有优点，适用于不同的场合。

▶ 柱形图：可直观地对数据进行对比分析以得出结果。在 Word 2016 中，柱形图又可细分为二维柱形图、三维柱形图、圆柱图和圆锥图等，如下图所示为三维柱形图。

▶ 折线图：可直观地显示数据的走势情况。在 Word 2016 中，折线图又可细分为二维折线图与三维折线图，如下图所示为二维折线图。

▶ 饼图：能直观地显示数据占有比例，而且比较美观。在 Word 2016 中，饼图又可细分为二维饼图与三维饼图，如下图所示为三维饼图。

▶ 条形图：就是横向的柱形图，其作用也与柱形图相同，可直观地对数据进行对比分析。在 Word 2016 中，条形图又可细分为二维条形图、三维条形图、圆柱图、圆锥图和棱锥图，如下图所示为圆柱图。

▶ 面积图：能直观地显示数据的大小与走势范围，在 Word 2016 中，面积图又可细分为二维面积图与三维面积图，如下图所示为三维面积图。

知识点滴

除了上面介绍的图表外，还包括股价图、曲面图、圆环图、气泡图以及雷达图等图表。

5.6.2 创建图表

要插入图表，可以打开【插入】选项卡。在【插图】组中单击【图表】按钮，打开【插入图表】对话框，在该对话框中选择一种图表类型后，单击【确定】按钮。

此时，即可在文档中插入图表，同时会启动 Excel 2016 应用程序，用于编辑图表中的数据。

【例 5-9】新建 "图书销售表" 文档, 并在其中插入图表。

视频+素材 (素材文件\第 05 章\例 5-9)

step 1　启动 Word 2016, 新建一个文档, 选择【插入】选项卡, 在【插图】组中单击【图表】按钮。

step 2　打开【插入图表】对话框, 选择【饼图】选项卡中的【三维饼图】选项, 然后单击【确定】按钮。

step 3　打开【Microsoft Word 中的图表】窗口, 此表格为图表的默认数据显示。这里可以修改表格中的数据, 如将 "第 1 季度" 改为 "教材类图书", 然后将其余数据根据需要进行更改。

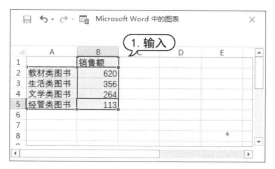

step 4　单击表格窗口的【关闭】按钮, 在Word 中显示更改数据后的图表。

step 5　选择【文件】|【保存】命令, 打开【另存为】对话框, 将文档命名为 "图书销售表" 加以保存。

5.6.3　设置图表格式

插入图表后, 打开【图表工具】的【设计】【布局】和【格式】选项卡, 通过功能工具按钮可以设置相应的图表的样式、布局以及格式等, 使插入的图表更为直观。

【例 5-10】　在 "图书销售表" 文档中编辑图表。

视频+素材 (素材文件\第 05 章\例 5-10)

step 1　启动 Word 2016, 打开 "图书销售表" 文档, 双击饼图图表中的【文学类图书】的饼形状, 打开【设置数据点格式】窗格, 单击【填充与线条】按钮, 在【填充】下拉列表中选中【纯色填充】单选按钮, 设置颜色为【绿色】。

step 2 双击黄色饼状形状，即【文学类图书】的形状，打开【设置数据点格式】窗格，单击【填充与线条】按钮，在【填充】下拉列表中选中【渐变填充】单选按钮，设置渐变颜色。

step 3 选择图表，打开【设计】选项卡，单击【添加图表元素】按钮，在弹出的下拉菜单中选择【数据标签】|【数据标注】选项，将数据标注添加在图表中。

step 4 选择图表中的【图表标题】文本框，输入"图书销售量"，设置文本为华文行楷，字体为16，加粗，字体颜色为蓝色。

step 5 选择图表下方的【图例】文本框，打开【格式】选项卡，单击【形状样式】组中的【其他】按钮，选择一种样式。

step 6 选择图表，打开【设计】选项卡，单击【添加图表元素】按钮，在弹出的下拉菜单中选择【图例】|【顶部】选项，此时图例文本框将显示在图表顶部。

step 7 双击图表中的图表区,,打开【设置图表区格式】窗格，设置填充颜色为渐变颜色。

step 8 选中图表，打开【格式】选项卡，单击【艺术字样式】组中的【其他】按钮，选择一种艺术字样式。

step 9 单击快速访问工具栏中的【保存】按钮，保存"图书销售表"文档。

> **知识点滴**
>
> 选中图表后，用户还可以在【设计】选项卡中单击【图表样式】组中的【其他】按钮，选择另一种图表样式进行套用。

5.7 案例演练

　　本章的案例演练部分为制作入场券等几个综合实例操作，用户通过练习从而巩固本章所学知识。

5.7.1 制作入场券

【例 5-11】通过在文档中插入图片和文本框，制作一个入场券。

视频+素材 (素材文件\第 05 章\例 5-11)

step 1 启动 Word 2016 应用程序，新建一个空白文档，并将其以"入场券"为名保存。

step 2 选择【插入】选项卡，在【插图】组中单击【图片】按钮，在打开的对话框中选择一个图像文件，单击【插入】按钮，在文档中插入一张图片。

step 3 选择【格式】选项卡，在【大小】组中将【形状高度】设置为 63.62 毫米，将【形状宽度】设置为 175 毫米。

step ④ 选择文档中的图片，右击鼠标，在弹出的菜单中选择【环绕文字】|【衬于文字下方】命令。

step ⑤ 选择【插入】选项卡，在【文本】组中单击【文本框】按钮，在弹出的菜单中选择【绘制文本框】命令，在图片上绘制一个横排文本框。

step ⑥ 选择【格式】选项卡，在【形状样式】组中单击【形状填充】下拉按钮，在弹出菜单中选择【无填充颜色】选项。

step ⑦ 在【形状样式】组中单击【形状轮廓】下拉按钮，在展开的库中选择【无形状轮廓】选项。

step ⑧ 选中文档中的文本框，在【大小】组中将【形状高度】设置为 16 毫米，将【形状宽度】设置为 80 毫米，设置文本框的大小。

step ⑨ 选中文本框并在其中输入文本，在【开始】选项卡的【字体】组中设置字体为【微软雅黑】，【字号】为【小二】，【字体颜色】为【金色】。

step ⑩ 重复以上步骤，在文档中插入其他文本框，并设置文本的格式、大小和颜色，完成后的效果如下图所示。

step ⑪ 选择【插入】选项卡，在【插图】组中单击【图片】按钮，在打开的对话框中选择一个图片文件后，单击【插入】按钮，在文档中插入一个图像。

step 12 右击文档中插入的图像，在弹出的菜单中选择【环绕文字】|【浮于文字上方】命令，调整图片的环绕方式，然后按住鼠标左键拖动，调整图像位置。

step 13 在【插入】选项卡的【插图】组中单击【形状】下拉按钮，在展开的库中选择【矩形】选项，在文档中绘制如下图所示的矩形图形。

step 14 选择【格式】选项卡，在【形状样式】组中单击【其他】按钮，在展开的库中选择【透明-彩色轮廓-金色】选项。

step 15 在【形状样式】组中单击【形状轮廓】下拉按钮，在弹出的菜单中选择【虚线】|

【其他线条】命令，打开【设置形状格式】窗格，设置【短划线类型】为【短划线】，设置【宽度】为【1.75磅】。

step 16 完成所有制作后，按住 Shift 键选中文档中的所有对象，右击鼠标，在弹出的菜单中选择【组合】|【组合】命令。

step 17 最后入场券的效果如下图所示。

5.7.2　制作图文混排文档

【例5-12】制作一个图文混排文档。

🎬 视频+素材 （素材文件\第05章\例5-12）

step 1 启动 Word 2016 应用程序，新建一个空白文档，选择【设计】选项卡，在【页面背景】组中单击【页面颜色】下拉按钮，在弹出菜单中选择【填充效果】选项。

step 2 打开【填充效果】对话框，选择【图片】选项卡，单击【选择图片】按钮。

step 3 在打开的对话框中选择一个图片文件，并单击【插入】按钮。

step 4 返回【填充效果】对话框，单击【确定】按钮，设置文档填充效果，然后在文档中输入如下图所示的文本。

step 5 选中文档中的标题文本"多肉植物（植物种类）"，在【开始】选项卡的【样式】组中单击【标题】样式。

step 6 在【样式】组中右击【标题1】样式，在弹出的菜单中选择【修改】命令，打开【修改样式】对话框，设置样式字体为【小三】，然后单击【确定】按钮。

step 7 选中文档中的标题文本"植株简介"和"植物特点"，为其设置【标题1】样式，效果如下图所示。

step 8　选中文档中的第一段文本，右击鼠标，在弹出的菜单中选择【段落】命令，打开【段落】对话框，将【特殊格式】设置为【首行缩进】，将【缩进值】设置为【2 字符】，然后单击【确定】按钮。

step 9　将鼠标指针插入第一段文本中，在【开始】选项卡的【剪贴板】组中单击【格式刷】按钮 ✨。

step 10　分别单击文档中的其他段落，复制段落格式。选择【设计】选项卡，在【文档格式】组中单击【其他】按钮 ，在展开的库中选择【阴影】选项

step 11　选择【插入】选项卡，在【插图】组中单击【形状】下拉按钮，在展开的库中选

择【椭圆】选项，在文档中绘制如下图所示的椭圆。

step 12　选择【绘图工具】|【格式】选项卡，在【形状样式】组中单击【形状填充】下拉按钮，在弹出菜单中选择【图片】选项。

step 13　打开【插入图片】窗格，单击【从文件】选项后的【浏览】按钮。

step⑭ 打开【插入图片】对话框，选中一个图片文件后单击【插入】按钮，为文档中的椭圆图形设置如下图所示的填充图片。

step⑮ 在【形状样式】组中单击【形状效果】下拉按钮，在弹出的菜单中选择【阴影】|【右下斜偏移】选项。

step⑯ 在【排列】组中单击【环绕文字】下拉按钮，在弹出的菜单中选择【紧密型环绕】选项。

step⑰ 使用同样的方法，继续绘制图像并填充图片，然后对文字环绕的方式进行设置。最后文档的效果如下图所示。

5.7.3 制作代金券

【例5-13】制作一个"商场代金券"文档。
视频+素材 （素材文件\第05章\例5-13）

step① 启动 Word 2016 应用程序，新建一个空白文档，并将其以"商场代金券"为名保存。

step② 打开【插入】选项卡，在【插图】组中单击【形状】按钮，从弹出菜单的【矩形】选项区域中单击【矩形】按钮。

step 5　在【形状样式】组中单击【形状填充】按钮，从弹出的菜单中选择【图片】命令，打开【插入图片】窗格，在【来自文件】栏中单击【浏览】按钮。

step 6　打开【插入图片】对话框，选择【背景】图片，单击【插入】按钮。

step 3　将鼠标指针移至文档中，待鼠标指针变为【十】字形，开始绘制矩形。

step 4　打开【绘图工具】的【格式】选项卡，在【大小】组中设置形状的【高度】为"7厘米"，【宽度】为"16厘米"。

step 7　将选中的图片填充到矩形中，在【形状样式】组中单击【形状轮廓】按钮，从弹出的菜单中选择【无轮廓】命令。

step 8 将插入点定位在文档开始处，打开【插入】选项卡，在【插图】组中单击【图片】按钮，打开【插入图片】对话框，选择图片，单击【插入】按钮。

step 9 选中图片，打开【图片工具】的【格式】选项卡，在【排列】组中单击【环绕文字】下拉按钮，从弹出的菜单中选择【浮于文字上方】命令，为图片设置环绕方式。

step 10 拖动鼠标调整图片的大小和位置。

step 11 在【格式】选项卡的【调整】组中，单击【删除背景】按钮，进入【背景消除】编辑状态，拖动鼠标选中要删除的部位，在【背景消除】选项卡的【优化】组中单击【标记要保留的区域】按钮，在要保留的区域中单击标记。

step 12 在【关闭】组中单击【保留更改】按钮，完成删除图片背景的操作，此时效果如下图所示。

step 13 打开【插入】选项卡，在【文本】组中单击【艺术字】按钮，从弹出的列表框中选择一种艺术字样式，即可在文档中插入艺术字。

step ⑭ 在艺术字文本框中输入文本, 设置字体为【方正粗活意简体】, 字号为【小初】, 然后拖动鼠标调整其位置。

step ⑮ 打开【插入】选项卡, 在【文本】组中单击【艺术字】按钮, 从弹出的列表框中选择一种艺术字样式, 在文档中插入艺术字。

step ⑯ 在艺术字文本框中输入文本, 设置字体为【方正粗倩简体】, 数字字号为 72, 文本字号为【初号】, 并将其移动到合适的位置。

step ⑰ 打开【插入】选项卡, 在【文本】组中单击【文本框】按钮, 从弹出的菜单中选择【绘制文本框】命令。

step ⑱ 拖动鼠标在矩形中绘制横排文本框, 并输入文本内容。

step 19 右击选中的文本框,从弹出的快捷菜单中选择【设置形状格式】命令,打开【设置形状格式】窗格,打开【填充】选项区域,选中【无填充】单选按钮;打开【线条】选项区域,选中【无线条】单选按钮。

step 20 选中文本框中的文本,设置其字体为【华文行楷】,字号为【五号】,字体颜色为【白色,背景1】。

step 21 在【开始】选项卡的【段落】组中单击【项目符号】下拉按钮,从弹出的列表框中选择一种星形,为文本框中的文本添加项目符号。

5.7.4 制作宣传单

【例 5-14】制作一个"悠米时光宣传单"文档。

🔑 视频+素材 (素材文件\第 05 章\例 5-14)

step 1 启动 Word 2016 应用程序,新建一个"悠米时光宣传单"文档,打开【插入】选项卡,在【插图】组中单击【图片】按钮。

step 2 打开【插入图片】对话框,选择一张图片,单击【插入】按钮。

step 3 此时在文档中插入该图片，拖动图片四周的控制点可以调整图片的大小。

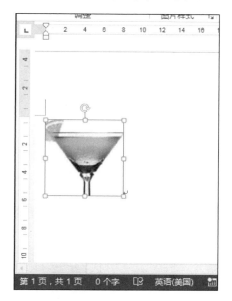

step 4 将插入点定位到插入的图片右侧的段落标记位置，按 Enter 键换行，打开【插入】选项卡，在【插图】组中单击【图片】按钮。

step 5 打开【插入图片】对话框，选择两张图片，单击【插入】按钮。

step 6 选中图片，调整图片的顺序。

step 7 选中插入的果汁图片，打开【图片工具】的【格式】选项卡，在【大小】组中的【高度】和【宽度】微调框中输入"2.5 厘米"。

step 8 在【排列】组中单击【环绕文字】按钮，从弹出的菜单中选择【浮于文字上方】命令。

step 9 此时果汁图片将浮动在下面的图片上。

step⑩ 将鼠标指针移至果汁图片上,待鼠标指针变为形状时,按住鼠标左键不放,向文档最右侧进行拖动,使用同样的方法,设置其他图片的环绕方式为【衬于文字下方】,然后复制一张果汁图片,并使用鼠标拖动法调整各个图片至合适位置。

step⑪ 选中下方的图片,打开【图片工具】的【格式】选项卡,在【调整】组中单击【颜色】下拉按钮,从弹出的列表中选择一种颜色饱和度以及色调效果,即可快速为图片重新设置色调。

step⑫ 在【图片样式】组中单击【快速样式】下拉按钮,从弹出的样式列表框中选择【矩形投影】选项。

step⑬ 此时即可快速为图片应用该样式,效果如下图所示。

step⑭ 将插入点定位在第1行,打开【插入】选项卡,在【文本】组中单击【艺术字】按钮,在艺术字列表框中选择【填充-金色,着色,暖棱台】样式。

step⑮ 在提示文本"请在此放置您的文字"处输入文本,设置字体为【汉仪太极体简】,字号为【初号】,然后拖动鼠标调整艺术字至合适的位置。

step 16 选中艺术字，打开【绘图工具】的【格式】选项卡，在【艺术字样式】组中单击【文字效果】按钮，从弹出的菜单中选择【发光】命令，然后在【发光变体】选项区域中选择【绿色，11pt 发光，着色 2】选项，为艺术字应用该发光效果。

step 19 将鼠标指针移至文档中，待其变成+形状时，按住左键不放并拖动绘制折角形，覆盖一张图片。

step 17 在【大小】组的【高度】和【宽度】微调框中分别输入"4 厘米"和"12 厘米"，按 Enter 键，完成艺术字大小的设置。

step 20 选中自选图形，右击，从弹出的快捷菜单中选择【添加文字】命令。

step 18 打开【插入】选项卡，在【插图】组中单击【形状】下拉按钮，从弹出的列表框的【基本形状】区域中选择【折角形】选项。

step 21 此时在图形中显示闪烁的光标，在光标处输入文本，然后设置标题字体为【华文琥珀】，字号为【二号】，字体颜色为【黄色】；设置类目和正文文本字体为【方正粗圆_GBK】，字号为【四号】，字体颜色为【橙色】。

step 22 选中【折角形】图形，打开【绘图工具】的【格式】选项卡，在【形状样式】组中单击【形状填充】按钮，从弹出的菜单中选择【无填充颜色】选项，设置自选图形无填充色。

step 23 在【形状样式】组中单击【形状轮廓】按钮，从弹出的菜单中选择【橙色】选项，为自选图形设置线条颜色。

step 24 在【形状样式】组中单击【形状效果】按钮，从弹出的菜单中选择【发光】命令，然后在【发光变体】列表框中选择【绿色，11pt 发光，个性色 6】选项，为自选图形应用该发光效果。

step 25 打开【插入】选项卡，在【插图】组中单击【SmartArt】按钮。

step 26 打开【选择 SmartArt 图形】对话框，打开【流程】选项卡，在右侧的列表框中选择【重点流程】选项，然后单击【确定】按钮。

step 27 此时即可在文档中插入【重点流程】样式的 SmartArt 图形。

step 28 右击最后一个【[文本]】占位符,选择【添加形状】|【在后面添加形状】命令,在该占位符后面添加一个形状。

step 29 拖动鼠标调整 SmartArt 图形的大小,在【文本】处单击并输入文字。

step 30 右击 SmartArt 图形,选择【浮于文字上方】命令,设置图形的环绕格式。

step 31 拖动鼠标调整 SmartArt 图形至合适的位置。

step 32 选中 SmartArt 图形,打开【SmartArt 工具】的【设计】选项卡,在【SmartArt 样式】组中单击【更改颜色】按钮,在打开的颜色列表中选择【彩色填充-个性色 6】选项。

step 35 在【艺术字样式】组中单击【文字效果】按钮，选择【发光】|【蓝色，8pt 发光，个性色 5】选项，为 SmartArt 图形文字应用该效果。

step 36 打开【插入】选项卡，在【文本】组中单击【文本框】按钮，从弹出的菜单中选择【绘制文本框】命令。

step 33 打开【SmartArt 工具】的【设计】选项卡，在【SmartArt 样式】组中单击【其他】按钮，在打开的【三维】列表中选择【卡通】样式，为图形应用该样式。

step 34 打开【SmartArt 工具】的【格式】选项卡，在【艺术字样式】组中单击【其他】按钮，打开艺术字样式列表框，选择一种样式，为 SmartArt 图形中的文本应用该艺术字样式。

step 37 将鼠标指针移动到合适的位置，待其变成"十"字形时，拖动鼠标指针绘制横排文本框。

step 38 在文本框的插入点处输入文本，并设置字体为【汉仪中圆简】，字号为【小四】，字体颜色为【深蓝】，然后调整 SmartArt 图形和文本框的大小和位置。

step 39 选中文本框，打开【绘图工具】的【格式】选项卡，在【形状样式】组中单击【形状填充】按钮，从弹出的菜单中选择【无填充颜色】选项。

step 40 在【形状样式】组中单击【形状轮廓】按钮，从弹出的菜单中选择【无轮廓】选项，为文本框设置无轮廓效果。

step 41 选中文本框，打开【开始】选项卡，在【段落】组中单击【下框线】下拉按钮，在弹出的菜单中选择【边框和底纹】命令，打开【边框和底纹】对话框的【边框】选项卡，在【设置】选项区域中选择【方框】选项，在【样式】列表框中选择一种线型样式，在【颜色】下拉列表框中选择【浅绿】色块，在【宽度】下拉列表框中选择【3.0 磅】选项，在【应用于】下拉列表框中选择【文字】选项，然后单击【确定】按钮。

step 42 打开【边框和底纹】对话框的【页面边框】选项卡，在【艺术型】下拉列表中选择一种选项，单击【确定】按钮。

step 43 选中图片中"悠米时光价目表"文本，打开【开始】选项卡，在【段落】组中单击【下框线】下拉按钮，在下拉菜单中选择【边框和底纹】命令，打开【边框和底纹】对话框，打开【底纹】选项卡，单击【填充】下拉按钮，选择浅蓝色块，在【应用于】下拉列表中选择【文字】选项，单击【确定】按钮。

step 44 使用同样的方法，为下面一行文本添加绿色底纹。设置完毕后，最后宣传单的效果如下图所示。

第6章

设置页面版式

字符和段落文本只能影响某个页面的局部外观，影响文档外观的另一个重要因素是页面设置，Word 2016提供了许多便捷的操作方式及管理工具来优化文档的页面版式。本章将介绍设置文档页面，插入页码、页眉和页脚等内容。

本章对应视频

6.1 设置页面格式

在处理 Word 文档的过程中，为了使文档页面更加美观，用户可以根据需求规范文档的页面，如设置页边距、纸张大小、文档网格、稿纸页面等，从而制作出一个要求较为严格的文档版面。

6.1.1 设置页边距

页边距就是页面上打印区域之外的空白空间。设置页边距，包括调整上、下、左、右边距，调整装订线的距离和纸张的方向。

打开【布局】选项卡，在【页面设置】组中单击【页边距】按钮，从弹出的下拉列表框中选择页边距样式，即可快速为页面应用该页边距样式。

选择【自定义边距】命令，打开【页面设置】对话框的【页边距】选项卡。在其中可以精确设置页面边距。此外 Word 2016 还提供了添加装订线功能，使用该功能可以为页面设置装订线，以便日后装订长文档。

【例 6-1】设置"拉面"文档的页边距和装订线。
视频+素材 (素材文件\第 06 章\例 6-1)

step 1 启动 Word 2016 应用程序，打开"拉面"文档。

step 2 打开【布局】选项卡，在【页面设置】组中单击【页边距】按钮，选择【自定义边距】命令。打开【页面设置】对话框，打开【页边距】选项卡，在【页边距】选项区域中的【上】【下】【左】【右】微调框中依次输入"4 厘米""4 厘米""3 厘米"和"3 厘米"。在【装订线】微调框中输入"1.5 厘米"；在【装订线位置】下拉列表框中选择【上】选项，在【页面设置】对话框中单击【确定】按钮完成设置。

6.1.2 设置纸张大小

在 Word 2016 中，默认的页面方向为纵向，其大小为 A4。在制作某些特殊文档(如名片、贺卡)时，为了满足文档的需要可对其页面大小和方向进行更改。在【页面设置】组中单击【纸张大小】按钮，在弹出的下拉列表中选择设定的规格选项即可快速设置纸张大小。

【例 6-2】设置"拉面"文档的纸张大小。

视频+素材 (素材文件\第 06 章\例 6-2)

step 1 启动 Word 2016 应用程序，打开"拉面"文档。

step 2 打开【布局】选项卡，在【页面设置】组中单击【纸张大小】按钮，从弹出的下拉菜单中选择【其他纸张大小】命令。

step 3 在打开的【页面设置】对话框中选择【纸张】选项卡，在【纸张大小】下拉列表框中选择【自定义大小】选项，在【宽度】和【高度】微调框中分别输入"20 厘米"和"30 厘米"，单击【确定】按钮完成设置。

6.1.3 设置文档网格

文档网格用于设置文档中文字排列的方

向、每页的行数、每行的字数等内容。

【例 6-3】在"拉面"文档中设置文档网格。

◎视频+素材 (素材文件\第 06 章\例 6-3)

step 1 启动 Word 2016 应用程序，打开"拉面"文档。

step 2 打开【布局】选项卡，单击【页面设置】对话框启动器按钮，打开【页面设置】对话框，打开【文档网格】选项卡，在【文字排列】选项区域的【方向】中选中【水平】单选按钮；在【网格】选项区域中选中【指定行和字符网格】单选按钮；在【字符数】选项区域的【每行】微调框中输入 40；在【行数】选项区域的【每页】微调框中输入 30，单击【绘图网格】按钮。

step 3 打开【网格线和参考线】对话框，选中【在屏幕上显示网格线】复选框，在【水平间隔】文本框中输入 2，单击【确定】按钮。

step 4 返回【页面设置】对话框，单击【确定】按钮，此时即可为文档应用所设置的文档网格，效果如下图所示。

实用技巧

打开【视图】选项卡，在【显示】组中取消选中【网格线】复选框，即可隐藏页面中的网格线。

6.1.4 设置稿纸页面

Word 2016 提供了稿纸设置的功能,使用该功能,可以快速地为用户创建方格式、行线式和外框式的稿纸页面。

1. 创建空的稿纸文档

打开一个空白的 Word 文档后,使用 Word 2016 自带的稿纸版式,可以快速地为用户创建空的稿纸页面。

【例 6-4】新建"稿纸"文档,在其中创建行线式稿纸页面。

🔘 视频+素材 (素材文件\第 06 章\例 6-4)

step 1 启动 Word 2016 应用程序,新建一个空白文档,将其命名为"稿纸"。

step 2 打开【布局】选项卡,在【稿纸】组中单击【稿纸设置】按钮,打开【稿纸设置】对话框。在【格式】下拉列表框中选择【行线式稿纸】选项;在【行数×列数】下拉列表框中选择 24×25 选项;在【网格颜色】下拉面板中选择【金色】选项,在【纸张方向】下选择【横向】选项,然后单击【确定】按钮。

step 3 进行稿纸转换,完成后将显示所设置的稿纸格式,此时稿纸颜色显示为金色。

2. 为现有文档应用稿纸设置

如果在编辑文档时事先没有创建稿纸,为了让读者更方便、清晰地阅读文档,这时就可以为已有的文档应用稿纸。

【例 6-5】为"拉面"文档应用行线式稿纸。

🔘 视频+素材 (素材文件\第 06 章\例 6-5)

step 1 启动 Word 2016 应用程序,打开"拉面"文档。

step 2 打开【布局】选项卡,在【稿纸】组中单击【稿纸设置】按钮,打开【稿纸设置】对话框。在【格式】下拉列表框中选择【行线式稿纸】选项;在【行数×列数】下拉列表框中选择 20×20 选项;在【网格颜色】下拉面板中选择【蓝色】选项,在【纸张方向】中选择【横向】选项,单击【确定】按钮。

step 3 此时,即可进行稿纸转换,并显示转换进度条,稍等片刻,即可为文档应用所设置的稿纸格式,稿纸颜色显示为蓝色。

在【稿纸设置】对话框中，在【网格】选项区域中选中【对折装订】复选框，可以将整张稿纸分为两半装订；在【纸张大小】下拉列表框中可以选择纸张大小；在【纸张方向】选项区域中，可以设置纸张的方向；在【页眉/页脚】选项区域中可以设置稿纸页眉和页脚内容，以及设置页眉和页脚的对齐方式。

6.2　插入页眉和页脚

页眉和页脚是文档中每个页面的顶部、底部和两侧页边距(即页面上打印区域之外的空白空间)中的区域。许多文稿，特别是比较正式的文稿都需要设置页眉和页脚。得体的页眉和页脚，会使文稿显得更为规范。

6.2.1　为首页创建页眉和页脚

页眉和页脚通常用于显示文档的附加信息，如页码、时间和日期、作者名称、单位名称、徽标或章节名称等内容。通常情况下，在书籍的章首页，需要创建独特的页眉和页脚。Word 2016 还提供了插入封面功能，用于说明文档的主要内容和特点。

【例 6-6】为"拉面"文档添加封面，并在封面首页中创建页眉和页脚。

视频+素材 (素材文件\第 06 章\例 6-6)

step **1** 启动 Word 2016 应用程序，打开"拉面"文档。

step **2** 打开【插入】选项卡，在【页面】组中单击【封面】按钮，在弹出的列表框中选择【丝状】选项，插入基于该样式的封面。

step **3** 在封面页的占位符中根据提示修改或添加文字。

step **4** 打开【插入】选项卡，在【页眉和页脚】组中单击【页眉】按钮，在弹出的列表中选择【边线型】选项，插入该样式的页眉。

step 5 在页眉处输入页眉文本，效果如下图所示。

step 6 打开【插入】选项卡，在【页眉和页脚】组中单击【页脚】按钮，在弹出的列表中选择【奥斯汀】选项，插入该样式的页脚。

step 7 在页脚处删除首页页码，并输入文本，设置字体颜色为红色。

step 8 打开【页眉和页脚】工具的【设计】选项卡，在【关闭】组中单击【关闭页眉和页脚】按钮，完成页眉和页脚的添加。

step 9 在快速访问工具栏中单击【保存】按钮，保存文档。

6.2.2 为奇、偶页创建页眉和页脚

书籍中奇偶页的页眉页脚通常是不同的。在 Word 2016 中，可以为文档中的奇、偶页设计不同的页眉和页脚。

页眉和页脚的插入方法相似，下面用实例介绍页眉的插入方法。

【例 6-7】在"拉面"文档中为奇、偶页创建不同的页眉。

视频+素材 (素材文件\第 06 章\例 6-7)

step 1 启动 Word 2016 应用程序，打开"拉面"文档。

step 2 打开【插入】选项卡，在【页眉和页脚】组中单击【页眉】按钮，选择【编辑页眉】命令，进入页眉和页脚编辑状态。

step 3 打开【页眉和页脚】工具的【设计】选项卡，在【选项】组中选中【首页不同】和【奇偶页不同】复选框。

step 4 在奇数页页眉区域中选中段落标记符，打开【开始】选项卡，在【段落】组中单击【边框】按钮，在弹出的菜单中选择【无框线】命令，隐藏奇数页页眉的边框线。

step 5 将光标定位在段落标记符上，输入文本，然后设置字体为【华文行楷】，字号为【小三】，字体颜色为【浅蓝】，文本右对齐显示。

step 6 将插入点定位在页眉文本右侧，打开【插入】选项卡，在【插图】组中单击【图片】按钮。

step 7 打开【插入图片】对话框。选择一张图片，单击【插入】按钮，将其插入奇数页的页眉处。

step 8 将该图片插入奇数页的页眉处，打开【图片工具】的【格式】选项卡，在【排列】组中单击【环绕文字】按钮，从弹出的菜单中选择【浮于文字上方】命令，为页眉图片设置环绕方式，拖动鼠标调整图片的大小和位置，效果如下图所示。

step 9 使用同样的方法，设置偶数页页眉的文本和图片。

step ⑩ 打开【页眉和页脚】工具的【设计】选项卡，在【关闭】组中单击【关闭页眉和页脚】按钮，完成奇、偶页页眉的设置。

实用技巧

添加页脚和添加页眉的方法一致，在【页眉和页脚】组中单击【页脚】下拉按钮，选择【编辑页脚】命令，进入页脚编辑状态进行添加。

6.3　插入页码

页码是给文档每页所编的号码，就是书籍每一页面上标明次序的号码或其他数字，用于统计书籍的面数，以便于读者阅读和检索。页码一般都被添加在页眉或页脚中，但也不排除其他特殊情况，页码也可以被添加到其他位置。

6.3.1　创建页码

要插入页码，可以打开【插入】选项卡，在【页眉和页脚】组中单击【页码】按钮，从弹出的菜单中选择页码的位置和样式。

实用技巧

Word 中显示的动态页码的本质就是域，可以通过插入页码域的方式来直接插入页码，最简单的操作是将插入点定位在页眉或页脚区域中，按 Ctrl+F9 组合键，输入 PAGE，然后按 F9 键即可。

6.3.2　设置页码

在文档中，如果需要使用不同于默认格式的页码，如 i 或 a 等，就需要对页码的格式进行设置。打开【插入】选项卡，在【页眉和页脚】组中单击【页码】按钮，在弹出的菜单中选择【设置页码格式】命令，打开【页码格式】对话框，在该对话框中可以进行页码的格式化设置。

实用技巧

在【页码格式】对话框中，选中【包含章节号】复选框，可以使添加的页码中包含章节号，还可以设置章节号的样式及分隔符；在【页码编号】选项区域中，可以设置页码的起始页。

【例 6-8】在"拉面"文档中创建页码，并设置页码格式。

视频+素材 (素材文件\第 06 章\例 6-8)

step 1 启动 Word 2016 应用程序，打开"拉面"文档。

step 2 将插入点定位在奇数页中，打开【插入】选项卡，在【页眉和页脚】组中，单击【页码】按钮，在弹出的菜单中选择【页面底端】命令，在【带有多种形状】类别框中选择【圆角矩形 1】选项。

step 3 此时在奇数页插入【圆角矩形 1】样式的页码。

step 4 将插入点定位在偶数页中，使用同样的方法，在页面底端中插入【圆角矩形 1】样式的页码。

step 5 打开【页眉和页脚工具】的【设计】选项卡，在【页眉和页脚】组中单击【页码】按钮，从弹出的菜单中选择【设置页码格式】命令，打开【页码格式】对话框，在【编号格式】下拉列表框中选择【-1-,-2-,-3-,…】选项，单击【确定】按钮。

step 6 依次选中奇、偶数页码中的数字，设置其字体颜色为【黑色】且居中对齐。

step⑦ 打开【页眉和页脚】工具的【设计】
选项卡，在【关闭】组中单击【关闭页眉和
页脚】按钮，退出页码编辑状态。

6.4　插入分页符和分节符

　　使用正常模板编辑一个文档时，Word 2016 将整个文档作为一个章节来处理，但在一些
特殊情况下，例如要求前后两页、一页中两部分之间有特殊格式时，操作起来相当不便。此
时可在其中插入分页符或分节符。

6.4.1　插入分页符

　　分页符是分隔相邻页之间文档内容的符
号，用来标记一页终止并开始下一页。在
Word 2016 中，可以很方便地插入分页符。

【例 6-9】在"拉面"文档中，将选定内容分页显
示。

视频+素材 （素材文件\第 06 章\例 6-9）

step① 启动 Word 2016 应用程序，打开"拉
面"文档。

step② 将插入点定位到第 1 页中的第 3 段文
本之前。

step③ 打开【布局】选项卡，在【页面设置】
组中单击【分隔符】按钮，在弹出的【分页
符】选项区域中选择【分页符】命令。

step④ 此时，自动将标题文本下的所有文本
移至下一页，分页效果如下图所示。

要显示插入的分页符,打开【Word 选项】对话框的【显示】选项卡,选中【显示所有格式标记】复选框,单击【确定】按钮即可。

6.4.2 插入分节符

如果把一个较长的文档分成几节,就可以单独设置每节的格式和版式,从而使文档的排版和编辑更加灵活。

【例 6-10】在"拉面"文档中,在第 1 节之前插入连续的分节符。

🔘 视频+素材 (素材文件\第 06 章\例 6-10)

step ① 启动 Word 2016 应用程序,打开"拉面"文档。

step ② 将插入点定位到第 2 页中的"二、和面"前,打开【布局】选项卡,在【页面设置】组中单击【分隔符】按钮,从弹出的【分节符】选项区域中选择【连续】命令。

step ③ 此时,自动在标题上面显示分节符。

实用技巧

分节后的文档页码会发生变化,有可能会出现页码错乱现象,因此尽量不要为文档分节。如果要删除分页符和分节符,只需将插入点定位在分页符或分节符之前(或者选中分页符或分节符),然后按 Delete 键即可。

6.5 添加页面背景和主题

为了使长文档变得更为生动、美观,可以对页面进行多元化设计,即设置页面背景和主题。在 Word 2016 中,用户可以在文档的页面背景中添加水印效果和其他背景色,还可以为文档设置主题。

6.5.1 设置纯色背景

Word 2016 提供了 70 多种内置颜色,可以选择这些颜色作为文档背景,也可以自定义其他颜色作为背景。

要为文档设置背景颜色,可以打开【设计】选项卡,在【页面背景】组中单击【页面颜色】按钮,将打开【页面颜色】子菜单。在【主题颜色】和【标准色】选项区域中,单击其中的任何一个色块,就可以把选择的颜色作为背景。

如果对系统提供的颜色不满意，可以选择【其他颜色】命令，打开【颜色】对话框。在【标准】选项卡中，选择六边形中的任意色块，即可将选中的颜色作为文档页面背景。

另外，打开【自定义】选项卡，在【颜色】选项区域中选择所需的背景色，或者在【颜色模式】选项区域中通过设置颜色的具体数值来选择所需的颜色。

知识点滴

在【颜色模式】下拉列表框中提供了 RGB 和 HSL 这两种颜色模式。RGB 模式是工业界的一种颜色标准，通过对红(R)、绿(G)、蓝(B)这 3 种颜色通道的编号以及它们相互之间的叠加作用来得到各种颜色；HSL 模式是一种基于人对颜色的心理感受的颜色模式。其中，H(Hue)表示色相，S(Saturation)表示饱和度，L(Lightness)表示亮度。

【例 6-11】在"拉面"文档中设置纯色背景。

视频+素材 (素材文件\第 06 章\例 6-11)

step 1　启动 Word 2016 应用程序，打开"拉面"文档。

step 2　打开【设计】选项卡，在【页面背景】组中单击【页面颜色】按钮，从弹出的快捷菜单中选择【其他颜色】命令，打开【颜色】对话框。

step ③ 打开【自定义】选项卡，在【颜色模式】下拉列表中选择 RGB 选项；在【红色】、【绿色】、【蓝色】微调框中分别输入 128、202、151，单击【确定】按钮。

step ④ 按 Ctrl+S 组合键，保存设置背景颜色后的文档。

6.5.2 设置背景填充

Word 2016 还提供了其他多种文档背景填充效果，如渐变背景效果、纹理背景效果、图案背景效果及图片背景效果等。

要设置背景填充效果，可以打开【设计】选项卡，在【页面背景】组中单击【页面颜色】按钮，从弹出的菜单中选择【填充效果】命令，打开【填充效果】对话框，其中包括以下 4 个选项卡。

▶ 【渐变】选项卡：可以通过选中【单色】或【双色】单选按钮来创建不同类型的渐变效果，在【底纹样式】选项区域中选择渐变的样式。

▶ 【纹理】选项卡：可以在【纹理】选项区域中，选择一种纹理作为文档页面的背景。单击【其他纹理】按钮，可以添加自定义的纹理作为文档的页面背景。

▶ 【图案】选项卡：可以在【图案】选项区域中选择一种基准图案，并在【前景】和【背景】下拉列表框中选择图案的前景和背景颜色。

▶【图片】选项卡：单击【选择图片】按钮，从打开的【选择图片】对话框中选择一张图片作为文档的背景。

【例6-12】在"拉面"文档中，设置图片填充背景。

视频+素材 （素材文件\第06章\例6-12）

step 1 启动 Word 2016 应用程序，打开"拉面"文档。

step 2 打开【设计】选项卡，在【页面背景】组中单击【页面颜色】按钮，从弹出的快捷菜单中选择【填充效果】命令。

step 3 打开【填充效果】对话框，打开【图片】选项卡，单击其中的【选择图片】按钮。

step 4 打开【插入图片】窗格，单击【浏览】按钮。

step 5 打开【选择图片】对话框，选择【背景】图片，单击【插入】按钮。

step 6 返回【填充效果】对话框的【图片】选项卡，查看图片的整体效果，单击【确定】按钮。

step 7 此时，即可在文档中显示图片背景效果。

6.5.3 设置水印效果

所谓水印，是指印在页面上的一种透明的花纹，它可以是一幅图片、一个图表或一种艺术字体。创建的水印在页面上以灰色显示，成为正文的背景，起到美化文档的效果。

打开【设计】选项卡，在【页面背景】组中单击【水印】按钮，在弹出的水印样式列表框中可以选择内置的水印。若选择【自定义水印】命令，打开【水印】对话框，在其中可以自定义水印样式，如图片或文字水印。

【例 6-13】 在"拉面"文档中添加自定义水印。

🔵 视频+素材 (素材文件\第 06 章\例 6-13)

step 1 启动 Word 2016 应用程序，打开"拉面"文档。

step 2 打开【设计】选项卡，在【页面背景】组中单击【水印】按钮，从弹出的菜单中选择【自定义水印】命令。

step 3 打开【水印】对话框，选中【文字水印】单选按钮，在【文字】列表框中输入文本；在【字体】下拉列表框中选择【华文隶书】选项；在【颜色】面板中选择【绿色】色块，并选中【斜式】单选按钮，单击【确定】按钮。

step 4 此时，即可将水印添加到文档中，每页的页面将显示同样的水印效果。

实用技巧

要删除文档中的水印，可以打开【设计】选项卡，在【页面背景】组中单击【水印】按钮，从弹出的菜单中选择【删除水印】命令。

6.5.4 添加主题

主题是一套统一的元素和颜色设计方案，为文档提供一套完整的格式集合。利用主题，可以轻松地创建具有专业水准、设计精美的文档。在 Word 2016 中，除了使用内置主题样式外，还可以通过设置主题的颜色、字体或效果来自定义文档主题。

要快速设置主题，可以打开【设计】选项卡，在【文档格式】组中单击【主题】按钮，在弹出的内置列表中选择适当的文档主题样式即可。

1. 设置主题颜色

主题颜色包括 4 种文本和背景颜色，6 种强调文字颜色和两种超链接颜色。要设置主题颜色，可在打开的【设计】选项卡的【文档格式】组中，单击【颜色】按钮，在弹出的内置列表中显示了多种颜色组合供用户选择。

选择【自定义颜色】命令，打开【新建主题颜色】对话框，使用该对话框可以自定义主题颜色。

2. 设置主题字体

主题字体包括标题字体和正文字体。要设置主题字体，可在打开的【设计】选项卡的【文档格式】组中，单击【字体】按钮，在弹出的内置列表中显示了多种主题字体以供用户选择。

选择【自定义字体】命令，打开【新建主题字体】对话框。使用该对话框可以自定义主题字体。

3. 设置主题效果

主题效果包括线条和填充效果。要设置主题效果，可在打开的【设计】选项卡的【文档格式】组中，单击【效果】按钮，在弹出的内置列表中显示了多种主题效果以供用户选择。

【例 6-14】 在"拉面"文档中添加自定义主题。

视频+素材 (素材文件\第 06 章\例 6-14)

step 1 启动 Word 2016 应用程序，打开"拉面"文档。

step 2 打开【设计】选项卡，在【文档格式】组中单击【颜色】按钮，从弹出的菜单中选择【自定义颜色】命令。

step 3 打开【新建主题颜色】对话框，设置主题的文字和背景颜色，单击【保存】按钮。

step 4 此时主题的颜色发生变化，效果如下图所示。

step 5 打开【设计】选项卡，在【文档格式】组中单击【字体】按钮，从弹出的菜单中选择【方正舒体】命令，此时主题字体效果发生改变。

6.6 案例演练

本章的案例演练部分为添加页眉页脚和制作公司印笺纸这两个综合实例操作，用户通过练习从而巩固本章所学知识。

6.6.1 添加页眉和页脚

【例 6-15】为"公司管理制度"文档添加封面、页眉、页脚等。

🔵 视频+素材 (素材文件\第 06 章\例 6-15)

step 1 启动 Word 2016 应用程序，打开"公司管理制度"文档。

step 2 打开【布局】选项卡，单击【页面设置】组中的对话框启动器按钮▫，打开【页面设置】对话框。

step 3 打开【页边距】选项卡，在【上】微调框中输入"2 厘米"，在【下】微调框中输入"2 厘米"，在【左】【右】微调框中分别输入"3 厘米"；在【装订线】微调框中输入"1 厘米"，在【装订线位置】列表框中选择【上】选项。

step 4 打开【纸张】选项卡，在【纸张大小】下拉列表框中选择【A4】选项，此时，在【宽度】和【高度】文本框中将自动填充尺寸。

step 5 打开【版式】选项卡，在【页眉】和【页脚】微调框中输入 2 厘米，单击【确定】按钮，完成页面设置。

step 6 打开【插入】选项卡，在【页面】组中单击【封面】按钮，在弹出的列表框中选择【怀旧】选项，即可插入基于该样式的封面。

step 7 在封面页的占位符中根据提示修改或添加文字。

step 8 打开【插入】选项卡，在【页眉和页脚】组中单击【页眉】按钮，在弹出的列表中选择【边线型】选项，插入该样式的页眉。

step 9 在页眉处输入页眉文本，效果如下图所示。

step 10 打开【插入】选项卡，在【页眉和页脚】组中单击【页脚】按钮，在弹出的列表中选择【奥斯汀】选项，插入该样式的页脚。

step 11 在页脚处删除首页页码，并输入文本，设置字体颜色为浅蓝色。完成封面页眉和页脚的设置。

step 12 打开【页眉和页脚】工具的【设计】选项卡，在【选项】组中选中【首页不同】和【奇偶页不同】复选框。

step 13 在奇数页页眉区域中选中段落标记符，打开【开始】选项卡，在【段落】组中

单击【边框】按钮，在弹出的菜单中选择【无框线】命令，隐藏奇数页页眉的边框线。

step 14 将光标定位在段落标记符上，输入文字"公司管理制度——员工手册"，设置文字字体为【华文行楷】，字号为【小三】，字体颜色为橙色，文本右对齐显示。

step 15 将插入点定位在页眉文本右侧，打开【插入】选项卡，在【插图】组中单击【图片】按钮，打开【插入图片】对话框，选择一张图片，单击【插入】按钮。

step 16 将该图片插入奇数页的页眉处，打开【图片工具】的【格式】选项卡，在【排列】组中单击【环绕文字】按钮，从弹出的菜单中选择【浮于文字上方】命令，为页眉图片

设置环绕方式，拖动鼠标调整图片的大小和位置，效果如下图所示。

step 17 使用同样的方法，设置偶数页的页眉文本和图片。

step 18 打开【页眉和页脚】工具的【设计】选项卡，在【关闭】组中单击【关闭页眉和页脚】按钮，完成奇、偶页页眉的设置。

6.6.2 制作公司印笺纸

【例 6-16】制作"公司印笺纸"文档。

视频+素材 （素材文件\第 06 章\例 6-16）

step 1 启动 Word 2016 应用程序，新建一个空白文档，将其命名为"公司印笺纸"。

step 2 打开【布局】选项卡，单击【页面设置】组中的对话框启动器按钮，打开【页面设置】对话框的【页边距】选项卡，在【上】微调框中输入"2 厘米"，在【下】微调框中输入"1.5 厘米"，在【左】【右】微调框中分别输入"1.5 厘米"；在【装订线】微调框中输入"1 厘米"，在【装订线位置】列表框中选择【上】选项。

step 3　打开【纸张】选项卡，在【纸张大小】下拉列表框中选择【32 开】选项，此时，在【宽度】和【高度】文本框中将自动填充尺寸。

step 4　打开【版式】选项卡，在【页眉】和【页脚】微调框中分别输入 2 厘米和 1 厘米，单击【确定】按钮，完成页面设置。

step 5　在页眉区域双击，进入页眉和页脚编辑状态，在页眉编辑区域中选中段落标记符，打开【开始】选项卡，在【段落】组中单击【下框线】按钮，在弹出的菜单中选择【无框线】命令，隐藏页眉处的边框线。

step 6　将插入点定位在页眉处，打开【插入】选项卡，在【插图】组中单击【图片】按钮，打开【插入图片】对话框，选择"公司标签"图片，单击【插入】按钮，插入页眉图片。

step 7　打开【图片工具】的【格式】选项卡，在【排列】组中单击【环绕文字】按钮，从弹出的菜单中选择【浮于文字上方】选项，设置环绕方式，并拖动鼠标调整图片至合适的大小和位置。

step 8　在插入点处输入文本，设置字体为【华文行楷】，字号为【小三】，字形为【加粗】，字体颜色为【绿色，个性色 6】，对齐方式为右对齐。

step 9 打开【页眉和页脚工具】的【设计】选项卡，在【导航】组中单击【转至页脚】按钮，将插入点定位至页脚位置，输入公司的电话、传真及地址，并且设置字体为【华文行楷】，字号为【小五】，字体颜色为【蓝色，个性色1】。

step 10 打开【页眉和页脚工具】的【设计】选项卡，在【关闭】组中单击【关闭页眉和页脚】按钮，退出页眉和页脚编辑状态。

step 11 打开【设计】选项卡，在【页面背景】组中单击【水印】按钮，从弹出的菜单中选择【自定义水印】命令，打开【水印】对话框，选中【图片水印】单选按钮，并且单击【选择图片】按钮。

step 12 打开【插入图片】窗格，单击【浏览】按钮。

step 13 打开【插入图片】对话框，选择相应图片后，单击【插入】按钮。

step 14 返回【水印】对话框，单击【确定】按钮，完成水印设置，此时的文档效果如下图所示。

第7章

使用其他排版功能

为提高文档的编排效率，创建有特殊效果的文档，Word 2016 提供了许多便捷的操作方式及管理工具来优化文档的格式编排。本章将介绍使用模板和样式、使用特殊格式排版等各种方法和技巧。

 本章对应视频

7.1 使用模板

在 Word 2016 中，任何文档都是以模板为基础的，模板决定了文档的基本结构和文档设置。模板是针对一篇文档中所有段落或文字的格式设置。使用模板可以统一文档的风格，提高工作效率。

7.1.1 选择模板

模板是"模板文件"的简称，实际上是一种具有特殊格式的 Word 文档。模板可以作为模型用于创建其他类似的文档，包括特定的字体格式、段落样式、页面设置、快捷键方案和宏等格式。Word 2016 提供了多种具有统一规格、统一框架的文档模板。

想通过模板创建文档，可以单击【文件】按钮，从弹出的菜单中选择【新建】命令，选择列表中的多种自带模板。

单击模板后，将会弹出对话框，单击其中的【创建】按钮，将会联网下载该模板

除了自带的模板以外，用户还可以在【新建】窗口界面中的【搜索】文本框中输入关键字文本，搜索 Office 官网提供下载的相关模板，例如输入"教育"关键字，单击【开始搜索】按钮，即可搜索到与"教育"相关的模板。

7.1.2 创建模板

在实际应用中，将文档保持一致的外观、格式等属性，可使文档显得整洁、美观。因此，为了使文档更为美观，用户可创建自定义模板并应用于文档中。创建新的模板可以通过根据现有文档和根据现有模板两种创建方法来实现。

1. 根据现有文档创建模板

根据现有文档创建模板，是指打开一个已有的与需要创建的模板格式相近的 Word 文档，在对其进行编辑修改后，将其另存为一个模板文件。通俗地讲，当需要用到的文档设置包含在现有的文档中时，就可以以该文档为基础来创建模板。

首先打开一个素材文档，单击【文件】按钮，选择【另存为】命令，单击【浏览】按钮。

打开【另存为】对话框，在【文件名】文本框中输入新的名称，在【保存类型】下拉列表框中选择【Word 模板】选项，单击【保存】按钮，此时该文档将以模板形式保存在【自定义 Office 模板】文件夹中。

单击【文件】按钮，从弹出的菜单中选择【新建】命令，然后在【个人】选项里选择新建的模板选项，即可应用该模板创建文档。

2. 根据现有模板创建模板

根据现有模板创建模板是指根据一个已有模板新建一个模板文件，再对其进行相应的修改后，将其保存。Word 2016 内置模板的自动图文集词条、字体、快捷键指定方案、宏、菜单、页面设置、特殊格式和样式设置基本符合要求，但还需要进行一些修改时，就可以以现有模板为基础来创建新模板。

【例 7-1】在"小学新闻稿"模板中输入文本，并将其创建为模板"中学新闻稿"。 📹视频

step 1 启动 Word 2016，单击【文件】按钮，从弹出的菜单中选择【新建】命令，在模板中选择【小学新闻稿】选项。

step 2 弹出对话框，单击其中的【创建】按钮，将下载该模板。

step 3 单击【文件】按钮，在弹出的菜单中选择【另存为】命令，单击【浏览】按钮，打开【另存为】对话框，在【文件名】文本框中输入"中学新闻稿"，在【保存类型】下拉列表框中选择【Word 模板】选项，单击【保存】按钮。

step 4 此时即可成功创建模板，单击【文件】按钮，从弹出的菜单中选择【新建】命令，在【个人】选项里显示新建的模板。

7.2 使用样式

样式就是字体格式和段落格式等特性的组合，在排版中使用样式可以快速提高工作效率，从而迅速改变和美化文档的外观。

7.2.1 选择样式

样式是应用于文档中的文本、表格和列表的一套格式特征。它是 Word 针对文档中一组格式进行的定义，这些格式包括字体、字号、字形、段落间距、行间距以及缩进量等内容，其作用是方便用户对重复的格式进行设置。

每个文档都基于一个特定的模板，每个模板中都会自带一些样式，又称为内置样式。如果需要应用的格式组合和某内置样式的定义相符，就可以直接应用该样式而不用新建文档的样式。如果内置样式中有部分样式定义和需要应用的样式不相符，还可以自定义该样式。

Word 2016 自带的样式库中，内置了多种样式，可以为文档中的文本设置标题、字体和背景等样式。使用这些样式可以快速地美化文档。

在 Word 2016 中，选择要应用某种内置样式的文本，打开【开始】选项卡，在【样式】组中单击【其他】按钮，可以在弹出的菜单中选择样式选项。

在【样式】组中单击对话框启动器按钮，将会打开【样式】任务窗格，在【样式】列表框中同样可以选择样式。

7.2.2 修改样式

如果某些内置样式无法完全满足某组格式设置的要求，则可在内置样式的基础上进行修改。这时，在【样式】任务窗格中，单击样式选项的下拉列表框旁的箭头按钮，在弹出的菜单中选择【修改】命令。

在打开的【修改样式】对话框中更改相应的选项即可。

【例 7-2】 在"兴趣班培训"文档中修改样式。

视频+素材 (素材文件\第 07 章\例 7-2)

step 1 启动 Word 2016 应用程序，打开"兴趣班培训"文档，将插入点定位在任意一处带有【标题 2】样式的文本中，在【开始】选项卡的【样式】组中，单击对话框启动器按钮，打开【样式】任务窗格，单击【标题 2】样式右侧的箭头按钮，从弹出的快捷菜单中选择【修改】命令。

step 2 打开【修改样式】对话框，在【属性】选项区域的【样式基准】下拉列表框中选择【无样式】选项；在【格式】选项区域的【字体】下拉列表框中选择【华文楷体】选项，在【字号】下拉列表框中选择【三号】选项，在【字体】颜色下拉面板中选择【白色，背景 1】色块，单击【格式】按钮，从弹出的快捷菜单中选择【段落】选项。

step 3 打开【段落】对话框，在【间距】选项区域中，将段前、段后的距离均设置为"0.5磅"，并且将行距设置为【最小值】，【设置值】为"16磅"，单击【确定】按钮，完成段落设置。

step 4 返回【修改样式】对话框，单击【格式】按钮，从弹出的快捷菜单中选择【边框】命令，打开【边框和底纹】对话框的【底纹】选项卡，在【填充】颜色面板中选择【水绿色，个性色5，淡色60%】色块，单击【确定】按钮。

step 5 返回【修改样式】对话框，单击【确定】按钮。此时【标题2】样式修改成功，并将自动应用到文档中。

step 6 将插入点定位在正文文本中，使用同样的方法，修改【正文】样式，设置字体颜色为【深蓝】，字体格式为【华文新魏】，段落格式的行距为【固定值】、【12磅】，此时修改后的【正文】样式自动应用到文档中。

实用技巧

　　如果多处文本使用相同的样式，可在按Ctrl键的同时选取多处文本，在【样式】任务窗格中选择样式，统一应用该样式。

7.2.3 新建样式

　　如果现有文档的内置样式与所需格式设置相去甚远时，创建一个新样式将会更为便捷。在【样式】任务窗格中，单击【新建样式】按钮，打开【根据格式设置创建新样式】对话框。

在【名称】文本框中输入要新建的样式的名称；在【样式类型】下拉列表框中选择【字符】和【段落】选项；在【样式基准】下拉列表框中选择该样式的基准样式(所谓基准样式就是最基本或原始的样式，文档中的其他样式都以此为基础)；单击【格式】按钮，可以为字符或段落设置格式。

实用技巧

要取消应用的样式，可在选取文本后，打开【开始】选项卡，在【样式】组中单击【其他】按钮，在弹出的菜单中选择【清除格式】命令即可。

【例7-3】在"兴趣班培训"文档中，添加备注文本，并创建【备注】样式，将其应用到文档中。

视频+素材 (素材文件\第07章\例7-3)

step 1 启动Word 2016 应用程序，打开"兴趣班培训"文档。将插入点定位到文档末尾，按Enter键，换行，输入备注文本。

> **第 3 课时：高级班**
> 要点1：Photoshop CC 图像处理软件的使用
> 要点2：AutoCAD 2016 模型绘制软件的使用
> 要点3：ASP 动态网站开发
> 要点4：Internet 基本知识及正确使用的方法
> 备注：希望同学们踊跃报名

step 2 在【开始】选项卡的【样式】组中，单击对话框启动器按钮，打开【样式】任务窗格，单击【新建样式】按钮，打开【根据格式设置创建新样式】对话框，在【名称】文本框中输入"备注"；在【样式基准】下拉列表框中选择【无样式】选项；在【格式】选项区域的【字体】下拉列表框中选择【方正舒体】选项；在【字体颜色】下拉列表框中选择【深红】色块，单击【格式】按钮，在弹出的菜单中选择【段落】命令。

step 3 打开【段落】对话框的【缩进和间距】选项卡，设置【对齐方式】为【右对齐】，【段前】和【段后】间距设为 0.5 行，单击【确定】按钮。

step 4 返回【修改样式】对话框，单击【确定】按钮。此时备注文本将自动应用"备注"样式，并在【样式】窗格中显示新样式。

7.2.4 删除样式

在 Word 2016 中，可以在【样式】任务窗格中删除样式，但无法删除模板的内置样式。

删除样式时，在【样式】任务窗格中，单击需要删除的样式旁的箭头按钮，在弹出的菜单中选择【删除】命令。

此时将打开确认删除对话框。单击【是】按钮，即可删除该样式。

另外，在【样式】任务窗格中单击【管理样式】按钮，打开【管理样式】对话框。在【选择要编辑的样式】列表框中选择要删除的样式，单击【删除】按钮，同样可以删除选中的样式。

7.3 特殊排版方式

一般报刊都需要创建带有特殊效果的文档，需要配合使用一些特殊的排版方式。Word 2016 提供了多种特殊的排版方式，如竖排文本、首字下沉、分栏、拼音指南和带圈字符等。

7.3.1　竖排文本

古人写字都是以从右至左、从上至下的方式进行竖排书写，但现代人一般都以从左至右的方式书写文字。使用 Word 2016 的文字竖排功能，可以轻松输入竖排文本。

【例 7-4】新建"制茶"文档，对其中的文字进行竖排。

 视频+素材 (素材文件\第 07 章\例 7-4)

step 1 启动 Word 2016 应用程序，新建一个名为"制茶"的文档，并在其中输入文本内容，然后按 Ctrl+A 组合键，选中所有文本，设置文本的字体为【华文楷体】，字号为【四号】。

step 2 选中所有文字，然后选择【布局】选项卡，在【页面设置】组中单击【文字方向】按钮，在弹出的菜单中选择【垂直】命令。

step 3 此时，将以从上至下，从右到左的方式排列文字。

实用技巧

用户还可以选择【文字方向选项】命令，打开【文字方向】对话框，设置不同类型的竖排文字选项。

7.3.2　首字下沉

首字下沉是报刊中较为常用的一种文本修饰方式，使用该方式可以很好地改善文档的外观，使文档更引人注目。设置首字下沉，就是使第一段开头的第一个字放大。放大的程度用户可以自行设定，占据两行或者三行的位置，其他字符围绕在其右下方。

在 Word 2016 中，首字下沉共有两种不同的方式，一种是普通的下沉，另外一种是悬挂下沉。两种方式区别之处在于：【下沉】方式设置的下沉字符紧靠其他的文字；【悬挂】方式设置的字符则可以随意地移动其位置。

打开【插入】选项卡，在【文本】组中单击【首字下沉】按钮，在弹出的菜单中选择首字下沉样式。

或者选择【首字下沉选项】命令，将打开【首字下沉】对话框，在其中进行相关的首字下沉设置。

【例7-5】将"制茶"文档正文第1段中的首字设置为首字下沉。

◉ 视频+素材 (素材文件\第07章\例7-5)

step ① 启动Word 2016，打开"制茶"文档，并将鼠标指针插入正文第1段前。

step ② 选择【插入】选项卡，在【文本】组中单击【首字下沉】按钮，在弹出的菜单中选择【首字下沉选项】命令。

step ③ 在打开的【首字下沉】对话框的【位置】选项区域中选择【下沉】选项，在【字体】下拉列表框中选择【华文新魏】选项，在【下沉行数】微调框中输入3，在【距正文】微调框中输入"0.5厘米"，然后单击【确定】按钮。

step ④ 此时，正文第1段中的首字将以"华文新魏"字体下沉3行的形式显示。

7.3.3 设置分栏

分栏是指按实际排版需要将文本分成若干个条块，使版面更为美观。在阅读报刊时，常常会发现许多页面被分成多个栏目。这些栏目有的是等宽的，有的是不等宽的，使得整个页面布局显得错落有致，易于读者阅读。

Word 2016具有分栏功能，用户可以把每一栏都视为一节，这样就可以对每一栏文本内容单独进行格式化和版面设计。

要为文档设置分栏，打开【页面布局】选项卡，在【页面设置】组中单击【分栏】按钮，在弹出的菜单中选择分栏选项。

在弹出的菜单中选择【更多分栏】命令，打开【分栏】对话框，在其中进行相关分栏设置，如栏数、宽度、间距和分隔线等。

【例7-6】在"制茶"文档中，设置分两栏显示文本。

视频+素材 (素材文件\第 07 章\例 7-6)

step 1 启动 Word 2016，打开"制茶"文档，选中文档中的第 2 段文本。

step 2 选择【布局】选项卡，在【页面设置】组中单击【分栏】按钮，在弹出的快捷菜单中选择【更多分栏】命令。

step 3 在打开的【分栏】对话框中选择【两栏】选项，选中【栏宽相等】复选框和【分隔线】复选框，然后单击【确定】按钮。

step 4 此时选中的文本段落将以两栏的形式显示。

7.3.4 拼音指南

Word 2016 提供的拼音指南功能，可对文档内的任意文本添加拼音，添加的拼音位于所选文本的上方，并且可以设置拼音的对齐方式。

【例7-7】在"制茶"文档中，为标题文本添加拼音，并设置汉字和拼音分离。

视频+素材 (素材文件\第 07 章\例 7-7)

step 1 启动Word 2016，打开"制茶"文档，选取标题文本"制茶"，打开【开始】选项卡，在【字体】组中单击【拼音指南】按钮。

step 2 打开【拼音指南】对话框，在【字体】下拉列表框中选择Adobe Gothic Std B选项，在【字号】下拉列表框中输入20，在【偏移量】微调框中输入 1(设置针对拼音)，在【对齐方式】下拉列表框中选择【居中】选项，单击【确定】按钮。

step 3 此时在标题"制茶"上方注释拼音。

step 4 选中标题，按Ctrl+C组合键，打开【开始】选项卡，在【剪贴板】组中单击【粘贴】下拉按钮，从弹出的下拉菜单中选择【选择性粘贴】命令。

step 5 打开【选择性粘贴】对话框，选择【无格式文本】选项，单击【确定】按钮。

step 6 此时，将把标题文本中的汉字和拼音分离。

7.3.5　带圈字符

带圈字符是中文字符的一种特殊形式，用于突出强调文字。在编辑文字时，有时要输入一些特殊的文字，如圆圈围绕的文字、方框围绕的数字等。使用 Word 2016 提供的带圈字符功能，可以轻松为字符添加圈号，制作出各种带圈字符。

【例 7-8】在"制茶"文档中，为正文的首字添加带圈效果。

视频+素材（素材文件\第 07 章\例 7-8）

step1 启动Word 2016，打开"制茶"文档，选取首字下沉后的文本【相】，打开【开始】选项卡，在【字体】组中单击【带圈字符】按钮。

step2 打开【带圈字符】对话框。在【样式】选项区域中选择字符样式；在【圈号】列表框中选择所需的圈号，单击【确定】按钮。

step3 此时，即可显示设置带圈效果的首字。

实用技巧

在 Word 中带圈字符的内容只能是一个汉字或者两个外文字母，当超出限制后，Word 自动以第一个汉字或前两个外文字母作为选择对象设置。

7.4　使用中文版式

Word 2016 提供了具有中国特色的中文版式功能，包括纵横混排、合并字符和双行合一等功能。

7.4.1 纵横混排

默认情况下，文档窗口中的文本内容都是横向排列的，有时出于某种需要必须使文字纵横混排(如对联中的横联和竖联等)，这时可以使用 Word 2016 的纵横混排功能，使横向排版的文本在原有的基础上逆时针旋转90°。

【例 7-9】在"制茶"文档中，为文本添加纵横混排效果。

📀 视频+素材 (素材文件\第 07 章\例 7-9)

step 1 启动Word 2016，打开"制茶"文档，选取正文第1段最后1句中文本"高温杀青"，在【开始】选项卡的【段落】组中单击【中文版式】按钮，在弹出的菜单中选择【纵横混排】命令。

step 2 打开【纵横混排】对话框，在其中选中【适应行宽】复选框，Word将自动调整文本行的宽度，单击【确定】按钮。

step 3 此时，即可显示纵排文本"高温杀青"，并且不超出行宽的范围。

📘 **实用技巧**

如果在【纵横混排】对话框里不选中【适应行宽】复选框，纵排文本将会保持原有字体大小，超出行宽范围。

7.4.2 合并字符

合并字符是将一行字符分成上、下两行，并按原来的一行字符空间进行显示。此功能在名片制作、出版书籍或发表文章等方面发挥巨大的作用。

要为文本设置合并字符效果，可以打开【开始】选项卡，在【段落】组中单击【中文版式】按钮，在弹出的菜单中选择【合并字符】命令，打开【合并字符】对话框，在该对话框中设置【文字】【字体】【字号】等选项。

【例 7-10】在"制茶"文档中合并字符。

📀 视频+素材 (素材文件\第 07 章\例 7-10)

step 1 启动Word 2016，打开"制茶"文档，选取正文第 1 段最后一句中的文本"现代炒青绿茶"。打开【开始】选项卡，在【段落】组中单击【中文版式】按钮，在弹出的菜单中选择【合并字符】命令。

step 2 打开【合并字符】对话框，在【字体】下拉列表框中选择【汉仪综艺体简】选项，在【字号】下拉列表框中选择 12，单击【确定】按钮。

step 3 此时，即可显示合并文本"现代炒青绿茶"的效果。

实用技巧

合并的字符不能超过 6 个汉字的宽度或 12 个半角英文字符。超过此长度的字符将被 Word 2016 截断。

7.4.3　双行合一

双行合一效果能使所选的位于同一文本行的内容平均地分为两部分，前一部分排列在后一部分的上方。在必要的情况下，还可以给双行合一的文本添加不同类型的括号。

要为文本设置双行合一效果，可以在【开始】选项卡的【段落】组中单击【中文版式】按钮，在弹出的菜单中选择【双行合一】命令，打开【双行合一】对话框，在该对话框中设置文字内容和括号类型等。

【例 7-11】在"制茶"文档中设置双行合一。

视频+素材（素材文件\第 07 章\例 7-11）

step 1 启动 Word 2016，打开"制茶"文档，选取正文第 1 段中的文本"刘禹锡"。打开【开始】选项卡，在【段落】组中单击【中文版式】按钮，在弹出的菜单中选择【双行合一】命令。

step 2 打开【双行合一】对话框，选中【带括号】复选框，在【括号样式】下拉列表框中选择一种括号样式，单击【确定】按钮。

step 3 此时，即可显示双行合一文本"刘禹锡"的效果。

实用技巧

合并字符是将多个字符用两行显示，且将多个字符合并成一个整体；双行合一是在一行的空间显示两行文字，且不受字符数限制。

7.4.4　调整宽度和字符缩放

在【中文版式】下拉菜单中还有【调整宽度】和【字符缩放】功能，可以调整字符的大小和按比例缩放字符。

1. 调整宽度

首先选中文本，打开【开始】选项卡，在【段落】组中单击【中文版式】按钮，在弹出的菜单中选择【调整宽度】命令，打开【调整宽度】对话框，显示当前文字宽度，用户可以在【新文字宽度】微调框中调整文字宽度，然后单击【确定】按钮即可。

2. 字符缩放

打开【开始】选项卡，在【段落】组中单击【中文版式】按钮，在弹出的菜单中选择【字符缩放】命令，打开下拉菜单，可以选择等比例的字符缩放选项。选择【其他】命令时，可以打开【字体】对话框的【高级】选项卡，在其中可以详细调整字符间距、缩放、Open Type 功能等有关字符的功能。

7.5　案例演练

　　本章的案例演练部分为修改样式和制作学生简报这两个综合实例操作，用户通过练习从而巩固本章所学知识。

7.5.1　修改和新建样式

【例7-12】在"钢琴启蒙课程介绍"文档中修改并新建样式。

视频+素材 (素材文件\第07章\例7-12)

step 1　启动Word 2016 应用程序，打开"钢琴启蒙课程介绍"文档。

step 2　打开【开始】选项卡，单击【样式】组中的对话框启动器按钮，打开【样式】任务窗格。将插入点定位在任意一处带有【标题1】样式的文本中，在【开始】选项卡的【样式】组中，单击【标题1】样式右侧的箭头按钮，从弹出的快捷菜单中选择【修改】命令。

step 3　打开【修改样式】对话框，在【属性】选项区域的【样式基准】下拉列表框中选择【无样式】选项；在【格式】选项区域的【字体】下拉列表框中选择【楷体】选项，在【字号】下拉列表框中选择【三号】选项，在【字体】颜色下拉面板中选择【白色，背景1】色块，单击【格式】按钮，从弹出的快捷菜单中选择【段落】选项。

step 4　打开【段落】对话框，在【间距】选项区域中，将段前、段后的距离均设置为"0.5 磅"，并且将行距设置为【最小值】，【设置值】为"16磅"，单击【确定】按钮，完成段落设置。

step ⑤ 返回【修改样式】对话框,单击【格式】按钮,从弹出的快捷菜单中选择【边框】命令,打开【边框和底纹】对话框的【底纹】选项卡,在【填充】颜色面板中选择【橙色,个性色 2,淡色 40%】色块,单击【确定】按钮。

step ⑥ 返回【修改样式】对话框,单击【确定】按钮。此时【标题 1】样式修改成功,并自动应用到文档中。

step ⑦ 将插入点定位在正文文本中,使用同样的方法,修改【正文】样式,设置字体颜色为【橙色,个性色 2,淡色 40%】,段落格式的行距为【固定值】、【15 磅】,此时修改后的【正文】样式自动应用到文档中。

step ⑧ 将插入点定位至文档末尾,按Enter键换行,输入备注文本。

step ⑨ 打开【样式】任务窗格,单击【新建样式】按钮。

step ⑩ 打开【根据格式设置创建新样式】对话框,在【名称】文本框中输入"备注";在【样式基准】下拉列表框中选择【无样式】选项;在【格式】选项区域的【字体】下拉列表框中选择【微软雅黑】选项;在【字体颜色】下拉列表框中选择【深红】色块,单击【格式】按钮,在弹出的菜单中选择【段落】命令。

step 11 打开【段落】对话框的【缩进和间距】选项卡，设置【对齐方式】为【右对齐】，【段前】间距设为 0.5 行，单击【确定】按钮。

step 12 此时备注文本将自动应用"备注"样式，并在【样式】窗格中显示新样式。

7.5.2 制作学生简报

【例 7-13】制作"学生简报"文档，并使用样式和特殊格式排版文档。

视频+素材 （素材文件\第 07 章\例 7-13）

step 1 启动 Word 2016，新建一个空白文档，将其命名为"学生简报"，并输入文本内容。

```
开学了！
新学期新气象，紧张的学习生活即将开始，让我们一起积极乐观面对紧张的学习生活吧！在这春暖花开的日子，我们相聚在一起！希望我们学校的每一朵小花朵在新学期里努力地开放。
寒假生活点滴记忆录回顾
寒假生活
光阴似箭，日月如梭。随着时间的推移，寒假一点点地溜走了，即将迎来的是新学期的课程。我迎来新的一年，回忆着旧一年往事如何美好……
刚放假的那会儿，我挺悠闲的，因为还没有准备散学典礼，没有布置作业。我坐在沙发上看电视，吃零食，很是享受。但是，一想到散学典礼后的日子，我就是打寒颤。于是，我提前买了语，数的《寒假作业》和《习马彦字贴》等有可能用到的书籍。早早地写起了作业，写了几天后，我以为不错了，就直接"罢工"了，又继续玩了起来，一次，我给同学发短信："嗨，你干什么呢？写作业了吗？"几分钟后，他回了一条："我在玩，我已经把字贴写完了，你怎么样？"看到这短信，我兴奋的心下子碎了，我勉强地用引回着短信："我，还差一点点……"，发完这条我只好关机。后来的几天里，我开始漫长的艰苦的写作业，一转眼就临近开学了，才恍然地发现时间一转眼就过去了，我感受着开学的这价兴奋，好像一切都不存在了，只有我在时间里茫然。
寒假里的三十七天，就如同三十几分钟或三十七秒，一转眼，它们就过去了，留给我美好又精彩的回忆。
下雪了！
天阴阴，北风呼呼吹，棉花样的雪花飘下来。
地茫茫，草地、树木、汽车都穿上了洁白的衣服。
小朋友堆雪人、打雪仗。奔跑着、呼喊着、追逐着……笑声响遍了整个小区。
春节的声音
春节到了，要过年了，你会听到很多平时很少听到的神奇的声音。
听，和谐列车的汽笛在快乐地鸣响，那是我的同学就要平安地回到家乡。
听，爸爸妈妈的手机在嘀嗒地歌唱，那是亲朋好友发来祝福的如意吉祥。
听，木锤在一下又有力的击打，那是江南小镇制作年糕的节拍回响。
听，热烈的锣鼓在咚咚地奏敲响，那是北方乡村秧歌乐曲在激荡。
听，毛笔刷刷地在大红纸上飞舞，那是一个个斗大的福字和喜庆的对联（联仗）。
听，小风车呼啦啦地在空中转动，那是我们童年七彩的梦想。
听，"过年好！""拜年了！"那是一句句温暖的问候在祖国大地上飞扬。
摘自：小学生作文网
```

step 2 选取标题文本"开学了！"，在【开始】选项卡的【样式】组中单击对话框启动器按钮，打开【样式】任务窗格，选择【书籍标题】样式，应用该样式。

step 3 使用同样的方法，为其他文本设置格式和样式，设置正文段落首行缩进 2 个字符，为作文标题应用【标题1】样式，设置最后一行文本的字体为【华文楷体】，字号为【小五】，字形为【加粗】，对齐方式为【右对齐】，字体颜色为【红色】。

step 4 选取文本"寒假生活点滴记忆录回顾"，设置字体为【黑体】，字号为【三号】，字体颜色为【红色】。

step 5 选取文本"寒假生活点滴记忆录回顾"，在【开始】选项卡的【段落】组中，单击【中文版式】按钮，从弹出的快捷菜单中选择【双行合一】命令，打开【双行合一】对话框，选中【带括号】复选框，在【括号样式】下拉列表框中选择方括号样式，单击【确定】按钮。此时，所选的文本将显示双行合一效果。

step 6 选中标题文本"寒假生活"，在【开始】选项卡的【字体】组中单击【拼音指南】按钮，打开【拼音指南】对话框，在【字体】列表框中选择Arial Unicode MS选项，单击【确定】按钮，即可为标题添加拼音注释。

step 7 使用同样的方法，为其他标题文本添加拼音注释。

step 8 选取 3 篇作文文本，打开【布局】选项卡，在【页面设置】组中单击【分栏】按钮，在弹出的菜单中选择【更多分栏】选项，打开【分栏】对话框。

step 9 在【预设】选项区域中选择【两栏】选项，选中【分隔线】复选框，单击【确定】按钮，完成分栏设置。

step 10 选中第 1 段首字"新"，打开【插入】选项卡，在【文本】组中单击【首字下沉】按钮，在弹出的菜单中选择【首字下沉选项】命令。

step 11 打开【首字下沉】对话框，选择【下沉】选项，在【下沉行数】微调框中输入 3，在【距正文】微调框中输入"0.5 厘米"，单击【确定】按钮，为首字"新"设置首字下沉。

step 12 选中"寒假生活"下行的文本"光"，在【开始】选项卡的【字体】组中单击【带圈字符】按钮，打开【带圈字符】对话框，选择【增大圈号】选项，在【圈号】列表框中选择圆圈样式，单击【确定】按钮，为文本添加圈号。

step 14 打开【插入】选项卡，在【文本】组中单击【艺术字】按钮，在弹出的【艺术字库】列表框中选择一种样式。

step 13 使用同样的方法为其他两篇作文的首字添加圈号。

step 15 此时，即可在文档中插入艺术字，在其文本框中输入"校园报"，并拖动调整艺术字的大小和位置。

hánjiàshēnghuó
寒假生活

㉗阴似箭，日月如梭。随着时间的推移，寒假一点点地溜走了，即将迎来的是新学期的课程。我迎着新的一年，回忆着旧一年往事如何美好……

刚放假的那会儿，我挺悠闲的，因为还没有准备散学典礼，没有布置作业。我坐在沙发上看电视，吃零食，很是享受。但是，一想到散学典礼后的日子，我就是打寒颤。于是，我提前买了语、数的《寒假作业》和《习马彦字帖》等有可能用到的书籍。早早地写起了作业，写了几天后，我以为不错了，就直接"罢工"了，又继续玩了起来，一次，我给同学发短信，"嗨，你干什么呢？写作业了吗？"几分钟后，她回了一条，"我在玩，我已经把字贴写完了，你怎么样？"看到这短信，我兴奋的心下子碎了，我勉强地用手回着短信。"我，还差一点点……"，发完这条我只好关机。后来的几天里，我开始漫长的艰苦的写作业，一转眼就临近开学了，才恍然的发现时间一转眼就过去了，我感受着开学的这份兴奋，好像一切都不存在了，只有我在时间里茫然。

寒假里的三十七天，就如同三十几分钟或三十七秒，一转眼，它们就过去了，成为了一段美好又精彩的回忆。

xiàxuěle
下雪了

㉘阴阴，北风呼呼吹，棉花样的雪花飘下来。

地茫茫，草地、树木、汽车都穿上了洁白的衣服。

小朋友推雪人、打雪仗。奔跑着、呼喊着、追逐着……笑声响遍了整个小区。

chūnjiéde shēngyīn
春节的声音

㉙节到了，要过年了，你会听到很多平时很少听到的神奇的声音。

听，和谐号列车的汽笛在快乐地鸣响，那是我的同学就要平安地回家乡。

听，爸爸妈妈的手机在嗒嗒地歌唱，那是亲朋好友发来祝福的如意吉祥。

听，木锤在一下又有力的击打，那是江南小镇制作年糕的节拍回响。

听，热烈的锣鼓在咚咚地奏(敲)响，那是北方乡村秧歌乐曲在激荡。

听，毛笔刷刷地在大红纸上飞舞，那是一个个牛大的福字和喜庆的对联。

听，小风车呼啦啦地在空中转动，那是我们童年七彩的梦想。

听，"过年好！""拜年了！"那是一句句温暖的问候在祖国大地上飞扬。

第8章

编排 Word 长文档

　　Word 2016 提供了一些处理长文档的编辑工具。例如，使用大纲视图方式查看和组织文档，使用书签定位文档，使用目录提示长文档的纲要等功能。本章将详细介绍组织和查看长文档，使用书签，插入目录和索引，插入题注、尾注和脚注等内容。

本章对应视频

8.1 查看和组织长文档

Word 2016 提供了一些长文档的排版与审阅功能。例如，使用大纲视图方式组织文档，使用导航窗格查看文档结构等。

8.1.1 使用大纲视图查看文档

Word 2016 的"大纲视图"功能就是专门用于制作提纲的，其以缩进文档标题的形式代表在文档结构中的级别。

打开【视图】选项卡，在【文档视图】组中单击【大纲视图】按钮，就可以切换到大纲视图模式。此时，【大纲】选项卡出现在窗口中，在【大纲工具】组的【显示级别】下拉列表框中选择显示级别；将鼠标指针定位在要展开或折叠的标题中，单击【展开】按钮➕或【折叠】按钮➖，可以展开或折叠大纲标题。

【例 8-1】将"城市交通乘车规则"文档切换到大纲视图查看结构和内容。

🎬 **视频+素材** (素材文件\第 08 章\例 8-1)

step ① 启动 Word 2016 应用程序，打开"城市交通乘车规则"文档，打开【视图】选项卡，在【文档视图】组中单击【大纲视图】按钮。

step ② 在【大纲】选项卡的【大纲工具】组中，单击【显示级别】下拉按钮，在弹出的下拉列表框中选择【2 级】选项，此时标题 2 以后的标题或正文文本都将被折叠。

step ③ 将鼠标指针移至标题"三、违规行为的处理规定"前的符号➕处双击，即可展开其后的下属文本内容。

💡 **知识点滴**

在大纲视图中，文本前有符号➕，表示在该文本后有正文或级别较低的标题；文本前有符号●，表示该文本后没有正文或级别较低的标题。

step ④ 在【大纲工具】组的【显示级别】下拉列表框中选择【所有级别】选项，此时将显示所有的文档内容。

step 5 将鼠标指针移动到文本"公共汽车乘车规则"前的符号⊕处，双击鼠标，该标题下的文本被折叠。

step 6 使用同样的方法，折叠其他段文本，选中"公共汽车乘车规则"和"轨道交通乘车规则"文本，在【大纲工具】组中单击【升级】按钮← 将其提升至 1 级标题。

8.1.2　使用大纲视图组织文档

在创建的大纲视图中，可以对文档内容进行修改与调整。

1. 选择大纲的内容

在大纲视图模式下的选择操作是进行其他操作的前提和基础。选择的对象主要是标题和正文。

▶ 选择标题：如果仅仅选择一个标题，并不包括它的子标题和正文，可以将鼠标光标移至此标题的左端空白处，当鼠标光标变成一个斜向上的箭头形状⌐时，单击即可选中该标题。

▶ 选择一个正文段落：如果要仅仅选择一个正文段落，可以将鼠标光标移至此段落的左端空白处，当鼠标光标变成一个斜向上箭头的形状⌐时单击，或者单击此段落前的符号●，选择该正文段落。

▶ 同时选择标题和正文：如果要选择一个标题及其所有的子标题和正文，就双击此标题前的符号⊕；如果要选择多个连续的标题和段落，进行拖动选择即可。

2. 更改文本的大纲级别

文本的大纲级别并不是一成不变的，可以按需要对其实行升级或降级操作。

▶ 每按一次 Tab 键，标题就会降低一个级别；每按一次 Shift+Tab 键，标题就会提升一个级别。

▶ 在【大纲】选项卡的【大纲工具】组中单击【升级】按钮←或【降级】按钮→，对该标题实现层次级别的升或降；如果想要将标题降级为正文，可单击【降级为正文】按钮»；如果要将正文提升至标题 1，单击【提升至标题 1】按钮«。

▶ 按下 Alt+Shift+←组合键，可将该标题的层次级别提高一级；按下 Alt+Shift+→组合键，可将该标题的层次级别降低一级。按下 Alt+Ctrl+1 或 2 或 3 键，可使该标题的级别达到 1 级或 2 级或 3 级。

▶ 用鼠标左键拖动符号⊕或●向左移或

向右移来提高或降低标题的级别。首先将鼠标光标移到该标题前面的符号 ⊕ 或 ○，待光标变成四箭头形状 ✣ 后，进行拖动。在拖动的过程中，每当经过一个标题级别时，都有一条竖线和横线出现。如果想把该标题置于这样的标题级别，可在此时释放鼠标。

3. 移动大纲标题

在 Word 2016 中既可以移动特定的标题到另一位置，也可以连同该标题下的所有内容一起移动。可以一次只移动一个标题，也可以一次移动多个连续的标题。

要移动一个或多个标题，首先选择要移动的标题内容，然后在标题上按下并拖动鼠标右键，可以看到在拖动过程中，有一虚竖线跟着移动。移到目标位置后释放鼠标，这时将弹出快捷菜单，选择菜单上的【移动到此位置】命令即可。

实用技巧

如果要将标题及该标题下的内容一起移动，必须先将该标题折叠，然后再进行移动。如果在展开的状态下直接移动，将只移动标题而不会移动内容。

8.1.3 使用导航窗格查看文档

文档结构是指文档的标题层次。Word 2016 提供了导航窗格功能，使用该窗格可以查看文档的文档结构。

【例 8-2】使用导航窗格查看"城市交通乘车规则"文档结构。视频

step ① 启动 Word 2016 应用程序，打开"城市交通乘车规则"文档。

step ② 打开【视图】选项卡，在【页面视图】组中单击【页面视图】按钮，切换至页面视图。

step ③ 在【显示】组中选中【导航窗格】复选框，打开【导航】任务窗格。

step ④ 在【导航】任务窗格中查看文档的文档结构。单击【二、票务】标题按钮，右侧的文档页面将跳转到对应的正文部分。

step ⑤ 单击【页面】标签，打开【页面】选项卡，此时在任务窗格中以页面缩略图的形式显示文档内容，拖动滚动条可以快速地浏览文档内容。

文本所在位置。

step 6 在【导航】任务窗格中的搜索框里输入"三、",即可搜索整个文档,并显示"三、"

8.2　插入目录

目录与一篇文章的纲要类似,通过其可以了解全文的结构和整个文档所要讨论的内容。在 Word 2016 中,可以为一个编辑和排版完成的稿件制作出美观的目录。

8.2.1　创建目录

Word 2016 具有自动提取目录的功能,用户可以很方便地为文档创建目录。

【例 8-3】在"城市交通乘车规则"文档中插入目录。
📹 视频+素材 (素材文件\第 08 章\例 8-3)

step 1 启动 Word 2016 应用程序,打开"城市交通乘车规则"文档。

step 2 将插入点定位在文档的开始处,按 Enter 键换行,在其中输入文本"目录"。

step 3 按 Enter 键换行。使用格式刷将该行格式转换为正文部分格式,打开【引用】选项卡,在【目录】组中单击【目录】按钮,从弹出的菜单中选择【自定义目录】命令。

step 4 打开【目录】对话框的【目录】选项卡,在【显示级别】微调框中输入 2,单击【确定】按钮。

step 5 此时，即可在文档中插入一级和二级标题的目录。

🖱 **实用技巧**

插入目录后，只需按Ctrl键，再单击目录中的某个页码，就可以将插入点快速跳转到该页的标题处。

8.2.2 修改目录

创建完目录后，还可像编辑普通文本一样对其进行样式等设置，如更改目录字体、字号和对齐方式等，使目录更为美观。

【**例 8-4**】在"城市交通乘车规则"文档中，设置目录格式。

🔘 **视频+素材** (素材文件\第 08 章\例 8-4)

step 1 启动Word 2016 应用程序，打开"公司管理制度"文档。

step 2 选取整个目录，打开【开始】选项卡，在【字体】组中的【字体】下拉列表框中选择【黑体】选项，在【字号】下拉列表框中选择【四号】选项。

step 3 选取整个目录，单击【段落】组中的对话框启动器按钮，打开【段落】对话框的【缩进和间距】选项卡，在【间距】选项区域的【行距】下拉列表中选择【1.5 倍行距】选项，单击【确定】按钮。

step 4 此时，目录将以1.5 倍的行距显示。

8.2.3 更新目录

当创建一个目录后，如果对正文文档中的内容进行编辑修改了，那么标题和页码都有可能发生变化，与原始目录中的页码不一致。此时，就需要更新目录，以保证目录中页码的正确性。

要更新目录，可以先选择整个目录，然后在目录任意处右击，从弹出的快捷菜单中选择【更新域】命令，打开【更新目录】对话框进行设置。

如果只更新页码，而不想更新已直接应

用于目录的格式，可以选中【只更新页码】单选按钮；如果在创建目录后，对文档作了具体修改，可以选中【更新整个目录】单选按钮，将更新整个目录。

> **实用技巧**
>
> 要将整个目录文件复制到另一个文件中单独保存或打印，必须先断开链接，选中整个目录，按 Shift+Ctrl+ F9 组合键。

8.3 插入索引

在管理长文档时，索引是一种常见的文档注释方法。使用索引功能可以方便用户快速地查询单词、词组或短语。

8.3.1 标记索引项

在 Word 2016 中，可以使用【标记索引项】对话框对文档中的单词、词组或短语标记索引项，方便以后查找这些标记内容。标记索引项的本质就是插入了一个隐藏的代码，便于查询。下面以实例来介绍标记索引项的方法。

【例 8-5】在 "城市交通乘车规则" 文档中，为文本 "无人售票车" 标记索引项。

视频+素材（素材文件\第 08 章\例 8-5）

step 1 启动 Word 2016，打开 "城市交通乘车规则" 文档，选中第 1 页中的文本 "无人售票车"，打开【引用】选项卡，在【索引】组中单击【标记索引项】按钮。

step 2 打开【标记索引项】对话框，单击【标记全部】按钮。

step 3 单击【关闭】按钮。此时，在文档中所有的 "无人售票车" 文本后都出现索引标记。

> **实用技巧**
>
> 创建索引项后，如果文档中未能显示 XE 域，可以打开【开始】选项卡，在【段落】组中单击【显示/隐藏编辑标记】按钮。

8.3.2 创建索引

在文档中标记好所有的索引项后，就可以进行索引文件的创建了。用户可以选择一种设计好的索引格式并生成最终的索引。通常情况下，Word 2016会自动收集索引项，并将其按字母顺序排序，引用其页码，找到并且删除同一页上的重复索引，然后在文档中显示该索引。

【例 8-6】在"城市交通乘车规则"文档中，为标记的索引项创建索引。

🔴 视频+素材 (素材文件\第 08 章\例 8-6)

step 1 启动Word 2016，打开"城市交通乘车规则"文档，将插入点定位在文档末尾处。

step 2 打开【引用】选项卡，在【索引】组中单击【插入索引】按钮。

step 3 打开【索引】对话框，在【格式】下拉列表框中选择【流行】选项；在右侧的【类型】选项中选中【缩进式】单选按钮；在【栏数】文本框中输入数值1；在【排序依据】框中选择【拼音】选项，单击【确定】按钮。

step 4 此时，在文档中将显示插入的所有索引信息。

8.4　插入书签

书签用于对文本加以标识和命名，帮助用户记录位置，从而使用户能快速地找到目标位置。在 Word 2016 中，书签与实际生活中提到的书签的作用相同，用于命名文档中指定的点或区域，以识别章、表格的开始处，或者定位需要工作的位置、离开的位置等。

8.4.1　添加书签

在 Word 2016 中，可以在文档的指定区域中插入若干个书签标记，以方便查阅文档相关内容。

【例 8-7】在"城市交通乘车规则"文档中，添加书签。

视频+素材 (素材文件\第 08 章\例 8-7)

step 1 启动 Word 2016 应用程序，打开"城市交通乘车规则"文档。

step 2 将插入点定位到第 1 页的"公共汽车乘车规则"之前，打开【插入】选项卡，在【链接】组中单击【书签】按钮。

step 3 打开【书签】对话框，在【书签名】文本框中输入书签的名称"公交"，单击【添加】按钮，将该书签添加到书签列表框中。

step 4 单击【文件】按钮，在弹出的菜单中选择【选项】命令，打开【Word选项】对话框，在左侧的列表框中选择【高级】选项，在打开的对话框的右侧列表的【显示文档内容】选项区域中，选中【显示书签】复选框，然后单击【确定】按钮。

step 5 此时书签标记 I 将显示在标题"公共汽车乘车规则"之前。

8.4.2　定位书签

插入书签后，用户可以使用书签定位功能快速定位到书签位置。下面将以实例来介绍定位书签的操作方法。

【例 8-8】在"城市交通乘车规则"文档中，使用【定位】对话框来定位书签。 视频

step 1 启动 Word 2016 应用程序，打开"城市交通乘车规则"文档。

step 2 打开【开始】选项卡，在【编辑】组中，单击【查找】下拉按钮，在弹出的菜单中选择【转到】命令。

step 3 打开【查找和替换】对话框，打开【定位】选项卡，在【定位目标】列表框中选择【书签】选项，在【请输入书签名称】下拉列表框中选择书签名称【公交】，单击【定位】按钮，此时自动定位到书签位置。

实用技巧

打开【书签】对话框，选择书签，单击【定位】按钮，也可以实现书签的定位。另外，如果单击右侧的【删除】按钮，则可以删除选中的书签。书签的名称最长可达 40 个字符，可以包含数字，但数字不能出现在第一个字符中，书签只能以字母或文字开头。另外，在书签名称中不能有空格，但是可以采用下划线来分隔文字。

8.5 插入批注

批注是指审阅者给文档内容加上的注解或说明，或者是阐述批注者的观点。批注是附加到文档中的内容，在上级审批文件、老师批改作业时非常有用。

8.5.1 添加批注

要插入批注，首先将插入点定位在要添加批注的位置或选中要添加批注的文本，打开【审阅】选项卡，在【批注】组中单击【新建批注】按钮，此时 Word 2016 会自动显示一个红色的批注框，用户在其中输入内容即可。

【例 8-9】在"城市交通乘车规则"文档中输入批注。

视频+素材 (素材文件\第 08 章\例 8-9)

step 1 启动 Word 2016 应用程序，打开"城市交通乘车规则"文档。

step 2 选中"公共汽车乘车规则"下的文本"特制定本规则"，打开【审阅】选项卡，在【批注】组中单击【新建批注】按钮。

知识点滴

在【审阅】选项卡的【批注】组中单击【上一条】按钮，将定位到上一条批注中；单击【下一条】按钮，将定位到文档的下一条批注中。

step 3 此时将在右边自动添加一个红色的批注框。

step 4 在该批注框中，输入批注文本。

step 5 使用相同的方法，在其他段落的文本中添加批注。

8.5.2　编辑批注

插入批注后，还可以对其进行编辑，如查看或删除批注、显示或隐藏批注、设置批注格式等。

【例 8-10】 在"城市交通乘车规则"文档中，设置批注格式。

视频+素材（素材文件\第 08 章\例 8-10）

step 1 启动 Word 2016，打开"城市交通乘车规则"文档。选中第 1 个批注框中的文本，打开【开始】选项卡，在【字体】组中，将字体设置为【华文楷体】，字号为【小四】。

step 2 打开【审阅】选项卡，在【修订】组中单击对话框启动器按钮，打开【修订选项】对话框，单击【高级选项】按钮。

step 3 打开【高级修订选项】对话框，在【标记】选项区域的【批注】下拉列表框中选择【青绿】选项；在【批注框】选项区域的【指定宽度】微调框中输入"6 厘米"，单击【确定】按钮。

step 4 返回【修订选项】对话框，单击【确定】按钮，此时批注的效果如下图所示。

知识点滴

　　在【修订】组中单击【显示标记】按钮，在弹出的菜单中选择【批注】命令，此时取消选中【批注】复选框，文档所有的批注框将自动隐藏。在批注文档中，将插入点定位在某个批注后，在【批注】组中单击【删除批注】按钮，从弹出的快捷菜单中选择【删除】命令，即可删除该批注；选择【删除文档中的所有批注】命令，即可删除文档中的所有批注。

8.6　插入题注、脚注和尾注

　　Word 2016 为用户提供了自动编号题注功能，使用该功能可以在插入图形、公式、表格时进行顺序编号。另外，Word 2016 还提供了脚注和尾注功能，使用该功能可以对文本进行补充说明，或对文档中的引用信息进行注释。脚注一般位于插入脚注页面的底部，可以作为文档某处内容的注释，而尾注一般位于整篇文档的末尾，列出引文的出处等。

8.6.1　插入题注

　　在 Word 2016 中，插入表格、图表、公式或其他项目时，可以自动添加题注。下面将以实例来介绍插入题注的操作方法。

【例8-11】在"课程表"文档中插入题注。

视频+素材 (素材文件\第08章\例8-11)

step 1 启动 Word 2016 应用程序，打开"课程表"文档，将插入点定位在表格后。

step 2 打开【引用】选项卡，在【题注】组中单击【插入题注】按钮，打开【题注】对话框，单击【新建标签】按钮。

step 3 打开【新建标签】对话框，在【标签】文本框中输入"表"，单击【确定】按钮。

step 4 返回【题注】对话框，单击【编号】按钮，打开【题注编号】对话框。在【格式】下拉列表框中选择一种格式，单击【确定】按钮。

step 5 返回【题注】对话框，单击【确定】按钮，完成所有设置。

step 6 此时，即可在插入点位置插入设置的题注。

在【题注】对话框中单击【自动插入题注】按钮，打开【自动插入题注】对话框。选择需要插入题注的项目，如表格、图表和公式等，就可以设置在插入这些项目时自动为其添加题注。

8.6.2　插入脚注和尾注

在 Word 2016 中，打开【引用】选项卡，在【脚注】组中单击【插入脚注】按钮或【插入尾注】按钮，即可在文档中插入脚注或尾注。

【例8-12】在"城市交通乘车规则"文档中插入脚注和尾注。

视频+素材 (素材文件\第08章\例8-12)

step 1 启动Word 2016 应用程序，打开"城市交通乘车规则"文档。

step 2 将插入点定位在要插入脚注的文本"《中华人民共和国治安管理处罚条例》"后面，然后打开【引用】选项卡，在【脚注】组中单击【插入脚注】按钮。

step 3 此时，在该页面出现脚注编辑区，直接输入文本。

step 4 插入脚注后，文本"《中华人民共和国治安管理处罚条例》"后将出现脚注引用标记，将鼠标指针移至该标记，将显示脚注内容。

五、其它

乘客在乘车前，还需了解一些乘车的日常事务和知识。

1、对违反……罚款外，并交有关部门处理，使他人遭受损……相应责任；凡扰乱公共秩序、危害交通安全、损毁车辆……站点和公交回车场及侮辱殴打工作人员，构成违反治安……条款外，由公安机关按《中华人民共和国治安管理处罚条例》予以处罚，构成犯罪的由司法机关追究刑事责任。

2、乘客对司乘工作人员违反工作职责和违法的行为有权检举和提出控告，举报电话：222222。

3、本规则由市公共交通总公司制定。

轨道交通乘车规则

为保障 TRANBBS 城市轨道 TRANBBS 交通运营安全，维护乘客的合法权益，根据《重庆市城市轨道交通管理办法》，制定本规则。

step 5 选取"轨道交通乘车规则"下的文本"《重庆市城市轨道交通管理办法》"，在【引用】选项卡的【脚注】组中单击【插入尾注】按钮。

step 6 此时，在整篇文档的末尾处出现尾注编辑区，输入尾注文本。

step 7 插入尾注后，在插入尾注的文本中将出现尾注引用标记，将鼠标指针移至该标记，将显示尾注内容。

8.6.3 修改脚注和尾注

要修改脚注和尾注的格式，单击【引用】选项卡中【脚注】组的对话框启动器按钮 ，打开【脚注和尾注】对话框。可以设置脚注中的格式和布局。如果要设置尾注，则在【位置】区域中单击【尾注】单选按钮。

![脚注和尾注对话框]

单击【格式】区域中的【符号】按钮，打开【符号】对话框，从中选择需要的符号，单击【确定】按钮，返回【脚注和尾注】对话框，将选中符号更改为脚注或尾注的编号形式。

知识点滴

要移动、复制或删除脚注或尾注，首先要在文档中选择注释引用标记。在文档中移动、复制和删除脚注或尾注时，它们会自动调整编号。要移动脚注或尾注，可以把注释标记拖到另一位置；要复制脚注或尾注，按住 Ctrl 键，再移动注释标记；要删除脚注或尾注，在选择注释引用标记后，按 Delete 键。

此外，在 Word 中还可以将文档中已有的脚注更改为尾注或将尾注更改为脚注，下面用具体实例介绍操作步骤。

【例 8-13】在"城市交通乘车规则"文档中，将尾注转换成脚注。

视频+素材 (素材文件\第 08 章\例 8-13)

step 1 启动 Word 2016 应用程序，打开"城市交通乘车规则"文档。

step 2 打开【视图】选项卡，在【文档视图】组中单击【草稿】按钮，将文档转换为草稿视图。

step 3 在文档中双击一个尾注，打开【注释窗格】，在【尾注】下拉列表框中选择【所有尾注】选项。

step 4 右击当前尾注，在弹出的快捷菜单中选择【转换为脚注】命令。

step 5 此时，添加了新的由尾注转换而成的脚注。

8.7 插入修订

在审阅文档时，发现某些多余的内容或遗漏内容时，如果直接在文档中删除或修改，将不能看到原文档和修改后文档的对比情况。使用 Word 2016 的修订功能，可以将用户修改的每项操作以不同的颜色标识出来，方便用户进行对比和查看。

8.7.1 添加修订

对于文档中明显的错误，可以启用修订功能并直接进行修改，这样可以减少原用户修改的难度，同时让原用户明白进行过何种修改。

【例8-14】在"城市交通乘车规则"文档中添加修订。

视频+素材（素材文件\第08章\例8-14）

step 1 启动 Word 2016 应用程序，打开"城市交通乘车规则"文档。

step 2 打开【审阅】选项卡，在【修订】组中，单击【修订】按钮，进入修订状态。

step 3 将文本插入点定位到开始处的文本"特制定本规则"的冒号标点后，按Backspace

键，该标点上将添加删除线，文本仍以红色删除线形式显示在文档中；然后按【句号】键，输入句号标点，添加的句号下方将显示红色下划线，此时添加的句号也以蓝色显示。

step 4 将文本插入点定位到"乘客乘公共汽车"文本后，输入文本"时"，再输入逗号标点，此时添加的文本以红色字体颜色显示，并且文本下方将显示红色下划线。

step 5 在"轨道交通乘车规则"下的 "三、携带物品"中，选中文本"加购"，然后输入文本"重新购买"，此时错误的文本上将添加红色删除线，修改后的文本下将显示红色下划线。

三、携带物品

乘客必须了解在轨道交通乘车时所能携带物品种类。

1、禁止携带易燃、易爆、剧毒、有放射性、味、无包装易碎、尖锐物品以及宠物等易造成车站

2、每位乘客可免费随身携带的物品重量、长度 1.6 米、0.15 立方米。乘客携带重量 10-20 公斤立方米的物品时，须加购重新购买同程车票一张。不得携带进站、乘车。

step 6 当所有的修订工作完成后，单击【修订】组中的【修订】按钮，即可退出修订状态。

8.7.2 编辑修订

在长文档中添加修订后，为了方便查看与修改，可以使用审阅窗格以浏览文档中的修订内容。查看完毕后，还可以确认是否接受修订内容。

【例 8-15】在"城市交通乘车规则"文档中编辑修订。
视频+素材 （素材文件\第 08 章\例 8-15）

step 1 启动 Word 2016 应用程序，打开"城市交通乘车规则"文档。

step 2 打开【审阅】选项卡，在【修订】组中单击【审阅窗格】下拉按钮，从弹出的下拉菜单中选择【垂直审阅窗格】命令，打开垂直审阅窗格。

step 3 在审阅窗格中单击修订，即可切换到相对应的修订文本位置进行查看。

step 4 在垂直审阅窗格中，右击第一次修订的句号，从弹出的快捷菜单中选择【拒绝插入】命令，即可拒绝插入句号标点。

step 5 将文本插入点定位到输入的文本"时"位置，在【更改】组中单击【接受】按钮，接受输入字符。

8.8 案例演练

本章的案例演练部分为编排人事管理制度和公司规章制度文档两个综合实例操作，用户通过练习从而巩固本章所学知识。

8.8.1 编排"人事管理制度"文档

【例8-16】编排"人事管理制度"文档。

视频+素材 （素材文件\第08章\例8-16）

step 1 启动Word 2016应用程序，打开"人事管理制度"文档。

step 2 打开【视图】选项卡，在【文档视图】组中单击【大纲视图】按钮，切换至大纲视图查看文档的结构层次。

step 3 双击标题"人事管理制度"前的 ⊕ 按钮，将折叠所有的文本内容。

step 4 在【大纲】选项卡的【大纲工具】组中单击【显示级别】下拉按钮，从弹出的下拉菜单中选择【2级】选项。此时，文档的二级标题将显示出来，方便用户查看文档的整体结构。

step 5 在【关闭】组中单击【关闭大纲视图】按钮关闭大纲视图，返回页面视图。

step 6 将插入点定位在"人事管理制度"的下一行，打开【引用】选项卡，在【目录】组中单击【目录】下拉按钮，从弹出的目录样式列表框中选择【自动目录1】选项。

step 7 此时即可在文档中套用该目录格式，并自动生成目录。

step 8 选取整个目录，打开【开始】选项卡，在【字体】组中的【字体】下拉列表框中选择【黑体】选项，在【字号】下拉列表框中选择【四号】选项；在【段落】组中单击【居中】按钮，设置文本居中显示。

step 9 单击【段落】组中的对话框启动器按钮，打开【段落】对话框的【缩进和间距】选项卡，在【间距】选项区域的【行距】下拉列表中选择【1.5 倍行距】选项，单击【确定】按钮，完成目录格式的设置。

step 10 选取标题"三、招聘与录用"下面的文本"《人员增补申请表》"，打开【审阅】选项卡，在【批注】组中单击【新建批注】按钮。

step 11 Word会自动添加批注框，在批注框中输入批注文本。

step 12 选取标题"五、薪资与福利"下的文本"职工各项福利",打开【引用】选项卡,在【脚注】组中单击【插入脚注】按钮。

step 13 此时将在该页面末尾处添加一个【脚注】标记,然后在编辑区域中输入文本内容"参考《劳动法》相关条例"。

step 14 将插入点定位在文档的第一个表格的上一行,在【题注】组中单击【插入题注】按钮。

step 15 打开【题注】对话框,在【选项】选项区域的【标签】下拉列表框中选择【表格】选项,单击【确定】按钮。

step 16 此时自动在插入点处插入表格题注,效果如下图所示。

痊愈不能胜任工作者,公司可按规定解除劳动合同: 表格 4

工作年限	病假时间	工资待遇 (按本人计)	有效医疗期 (按职位定)
1年以下	每月1天	工资100%	3个月
	每月2~3天	工资80%	
	每月4~7天	工资70%	
	每月8~10天	工资60%	
	每月10天以上	50%工资的救济金	

step 17 使用同样的方法,插入其他表格题注。

办公用品的分类和使用期限: 表格 5

分 类	具体办公用品	使用期限
消耗性办公用品	便笺、信纸、复写纸、信封、绘图纸、公文袋、复印机碳粉、打印机墨盒、打印纸、复印纸、印章、印油、订书钉、大头针、回形针、小夹子、胶水、胶纸、双面胶、标签纸、涂改液、单页夹、挂杆夹、记事贴、笔记本、自动铅笔芯、其他。	根据使用情况适当领取
	签字笔、圆珠笔芯	2个月领1支
个人使用的物品	剪刀、裁纸刀、计算器、直尺、订书机、笔刨、笔筒、自动铅笔、圆珠笔、磁盘	使用至报废以旧换新
	办公桌、办公椅、电脑、电话、衣架	一次性领用

step 18 打开【审阅】选项卡，在【修订】组中单击【修订】按钮。

step 19 定位到第一条需要修改的文本的位置，输入所需的字符，添加的文本下方将显示下划线，此时添加的文本也以紫色显示。

```
一、总···则
1.→为了对公司实行高效科学的管理，使员工在公司的行为有所依
    据，保障员工的合法权益，特制定本规定。
2.→本公司员工的管理，除遵照国家有关法律法规外，都应依本规定
    办理。
3.→本规定所称员工，系指本公司聘用的全体从业人员（特别约定者
    除外）。
```

step 20 选中文本"（特别约定者除外）"，按Delete键，将其删除，此时，删除的文本将以紫色显示，并在文本中添加紫色删除线。

```
一、总···则
1.→为了对公司实行高效科学的管理，使员工在公司的行为有所依
    据，保障员工的合法权益，特制定本规定。
2.→本公司员工的管理，除遵照国家有关法律法规外，都应依本规定
    办理。
3.→本规定所称员工，系指本公司聘用的全体从业人员（特别约定者
    除外）。
```

step 21 当所有的修订工作完成后，单击【修订】组中的【修订】按钮，即可退出修订状态。

step 22 单击【更改】组中的【接受】按钮，在下拉菜单中选择【接受此修订】命令。

step 23 此时删除的文本和紫线效果将一起消失，效果如下图所示。

8.8.2　编排"公司规章制度"文档

【例8-17】编排"公司规章制度"文档。
视频+素材 (素材文件\第08章\例8-17)

step 1 启动Word 2016应用程序，打开"公司规章制度"文档。

step 2 打开【视图】选项卡，在【文档视图】组中单击【大纲视图】按钮，切换至大纲视图查看文档结构。

step 3 将插入点定位到文本"公司规章制度"开始处，在【大纲】选项卡的【大纲工具】组中单击【提升至标题1】按钮，将该正文文本设置为标题1。

step 4 将插入点定位在文本"第一章 总则"处，在【大纲工具】组的【大纲级别】下拉列表框中选择【2 级】选项，将文本设置为2级标题。

step 5 使用同样的方法，设置其他正文章节标题为2级标题。

step 6 设置级别完毕后，在【大纲】选项卡的【大纲工具】组中单击【显示级别】下拉按钮，从弹出的菜单中选择【2 级】命令。

step 7 此时，即可将文档的 2 级标题全部显示出来。

step 8 在【大纲】选项卡的【关闭】组中单击【关闭大纲视图】按钮，返回页面视图。

step 9 打开【视图】选项卡，在【显示】组中选中【导航窗格】复选框，打开【导航】任务窗格。选择相应的章节标题，即可快速切换至该章节标题查看章节内容。

step 10 关闭【导航】任务窗格，将插入点定位在文档的开始位置，打开【引用】选项卡，在【目录】组中单击【目录】按钮，从列表框中选择【自动目录 2】样式。

step 11 此时在文档开始处自动插入该样式的目录。

step 12 选取文本"目录"，设置字体为【隶书】，字号为【二号】，设置居中对齐。

step 13 选取整个目录，在【开始】选项卡的【段落】组中单击对话框启动器按钮，打开【段落】对话框，打开【缩进和间距】选项卡，在【行距】下拉列表中选择【2 倍行距】选项，单击【确定】按钮。

step ⑭ 此时显示设置格式后的目录，效果如下图所示。

step ⑮ 选取第一章中的文本"《劳动法》、《劳动合同法》"，打开【审阅】选项卡，在【批注】组中单击【新建批注】按钮。Word会自动添加批注框，输入批注文本。

step ⑯ 使用同样的方法，添加其他批注框，并输入批注文本。

step ⑰ 打开【审阅】选项卡，在【修订】组中单击【修订】按钮，进入修订模式，删除多余的文本"另多"，显示删除效果。

step ⑱ 单击【更改】组中的【接受】按钮，在下拉列菜单中选择【接受所有修订】命令，完成文档修订。

第9章

使用宏、域和公式

在 Word 中使用宏可以快速执行日常编辑和格式设置任务，也可以合并需要按顺序执行的多个命令，还可以自动执行一系列复杂的任务。使用域可以随时更新文档中的某些特定内容，方便对文档进行操作。使用公式可以方便地在文档中制作包含数据和运算符的数据方程式。本章将主要介绍在 Word 文档中使用宏、域和公式的方法及技巧。

 本章对应视频

Word 2016 文档处理案例教程

9.1 使用宏

宏是一个批量处理程序命令，正确地运用它可以提高工作效率，本节介绍宏的使用方法。

9.1.1 认识宏

宏是由一系列 Word 命令组合在一起作为单个执行的命令，通过宏可以达到简化编辑操作的目的。可以将一个宏指定到工具栏、菜单或者快捷键上，并通过单击一个按钮，选取一个命令或按一个组合键来运行宏。

在文档的编辑过程中，经常有某项工作需要重复多次，这时可以利用 Word 宏功能来使其自动执行，以提高效率。Word 中的宏能帮助用户在进行一系列费时而单调的重复性 Word 操作时，自动完成所需任务。所谓宏，是将一系列 Word 命令和指令组合起来，形成一条自定义的命令，以实现任务执行的自动化。如果需要反复执行某项任务，可以使用宏自动执行该任务。Word 中的宏就像是 DOS 的批处理文件一样，在可视化操作环境下，这一工具的功能更加强大。

使用宏可以完成很多的功能。例如，加速日常编辑和格式的设置；快速插入具有指定尺寸和边框、指定行数和列数的表格；使某个对话框中的选项更易于访问等。

9.1.2 【开发工具】选项卡

在 Word 2016 中，要使用宏，首先需要打开【开发工具】选项卡。

【开发工具】选项卡主要用于 Word 的二次开发，默认情况下该选项卡不显示在主选项卡中，用户可以通过自定义【主选项卡】使之可见。单击【文件】按钮，在弹出的快捷菜单中选择【选项】命令，打开【Word 选项】对话框，切换至【自定义功能区】选项卡。在右侧的【主选项卡】选项区域中选

中【开发工具】复选框，然后单击【确定】按钮，即可在 Word 界面中显示【开发工具】选项卡。

> **知识点滴**
>
> 在功能区中右击任意选项卡，从弹出的快捷菜单中选择【自定义功能区】命令，即可直接打开【Word 选项】对话框的【自定义功能区】选项卡。

9.1.3 录制宏

宏可以保存在文档模板或单个 Word 文档中。将宏存储到模板上有两种方式：一种是全面宏，存储在普通模板中，可以在任何文档中使用；另一种是模板宏，存储在一些特殊模板上。通常，创建宏的最好的方法就是使用键盘和鼠标录制许多操作，然后在宏编辑窗口中编辑它，并添加一些 Visual Basic 命令。

打开【开发工具】选项卡，在【代码】组中单击【录制宏】按钮，开始录制宏。同时，还可以设置宏的快捷方式，以及在快速访问工具栏上显示宏按钮。

【例 9-1】 在 Word 2016 文档中录制一个宏，并且在快速访问工具栏中显示宏按钮。

视频+素材 (素材文件\第 09 章\例 9-1)

step 1 启动 Word 2016，打开"制茶"文档，使用鼠标拖动的方法选择第 2 段文字。

190

step 2 打开【开发工具】选项卡，在【代码】组中单击【录制宏】按钮，将打开【录制宏】对话框。

step 3 在【宏名】文本框中输入宏的名称"格式化文本"，在【将宏保存在】下拉列表框中选择【所有文档(Normal.dotm)】，然后单击【按钮】按钮。

step 4 打开【Word选项】对话框的【快速访问工具栏】选项卡，在【自定义快速访问工具栏】列表框中将显示输入的宏的名称。选择该宏命令，然后单击【添加】按钮，将该名称添加到快速访问工具栏上。

step 5 如要指定宏的键盘快捷键，打开【Word选项】对话框的【自定义功能区】选项卡，在【从下列位置选择命令】下拉列表中选择【宏】选项，在其下的列表框中选择宏名称，单击【键盘快捷方式】右侧的【自定义】按钮。

step 6 打开【自定义键盘】对话框，在【类别】列表框中选择【宏】选项，在【宏】列表框中选择【格式化文本】选项，在【请按新快捷键】文本框中按下快捷键Ctrl+1，然后单击【指定】按钮。

step 7 单击【关闭】按钮，返回【Word选项】对话框，单击【确定】按钮，执行宏的录制。

step 8 打开【开始】选项卡，在【字体】组中将字体设置为【华文行楷】，字形为【倾斜】，字号为【四号】。

step 9 所有录制操作执行完毕，切换至【开发工具】选项卡，在【代码】组中单击【停止录制】按钮 ■ 即可。

step 10 在文档中任选一段文字，单击快速访问工具栏上的宏按钮 器，或按下快捷键Ctrl+1，都可将该段文字自动格式化为华文行楷、四号、倾斜。

知识点滴

在默认情况下，Word 将宏存储在 Normal 模板内，这样每一个 Word 文档都可以使用它。如果只是需要在某个文档中使用宏，则可将宏存储在该文档中。如果在录制宏的过程中进行了错误的操作，同时也做了更正操作，则更正错误的操作也将会被录制，可以在录制结束后，在 Visual Basic 编辑器中将不必要的操作代码删除。

在使用宏录制器创建宏时，要注意以下两点。

▶ 宏的名称不要与 Word 中已有的标准宏重名，否则 Word 就会用新的宏记录的操作替换原有宏记录的操作。因此，在给宏命名之前，最好打开【视图】选项卡，在【宏】组中单击【宏】按钮，在弹出的菜单中选择【查看宏】命令，打开【宏】对话框，并在【宏的位置】下拉列表框中选择【Word 命令】选项。此时，列表框中将列出 Word 所有标准宏，确保自己命名的宏没有同标准宏重名。

▶ 宏录制器不记录执行的操作，只录制命令操作的结果。录制器不能记录鼠标在文档中的移动，要录制如移动光标或选择、移动、复制等操作，只能用键盘进行。

知识点滴

在录制宏的过程中，如果需要暂停录制，可打开【开发工具】选项卡，在【代码】组中单击【暂停录制】按钮。

9.1.4　运行宏

运行宏取决于创建宏所针对的对象，如果创建的宏是被指定到了快速访问工具栏上，可通过单击相应的命令按钮来执行；如果创建的宏被指定到菜单或快捷键上，也可通过相应的操作来执行。如果要运行在特殊模板上创建的宏，则应首先打开该模板或基于该模板创建的文档；如果要运行针对某一选择条目创建的宏，则应首先选择该条目，然后再运行它。

无论是特殊模板上的宏，还是针对某一条目的宏，都可以通过【宏】对话框来运行。实际上，Word 命令在本质上也是宏，也可以直接在【宏】对话框中运行 Word 命令。

【例 9-2】 在 Word 中使用【宏】对话框中运行例 9-1 中创建的宏命令。　📹视频

step 1 启动 Word 2016，打开一篇 Word 文档，使用鼠标拖动法选择任意一段文字。

step 2 打开【开发工具】选项卡，在【代码】组中单击【宏】按钮，打开【宏】对话框。

step 3 在对话框的【宏的位置】下拉列表框中选择【所有的活动模板和文档】选项，在【宏名】下面的列表框中选择【格式化文本】选项，单击【运行】按钮，即可执行该宏命令。

实用技巧

按下录制宏时指定的 Ctrl+1 快捷键和单击工具栏中的宏按钮品，同样可以快速地运行宏。

Word 允许创建自动运行宏，要创建自动运行宏，对宏命令必须采取下列方式之一。

▶ AutoExec：全局宏，打开或退出 Word 时将立即运行。

▶ AutoOpen：全局宏或模板宏，当打开存在的文档时，立即执行。

▶ AutoNew：全局宏或模板宏，当用户创建文档时，其模板若含有 AutoNew 宏命令，就可自动执行。

▶ AutoClose：全局宏或模板宏，当关闭当前文档时，自动执行。

如果不想运行一个自动运行的宏，则可在运行时按住 Shift 键。

上面所讲述的宏的运行方法是直接运行，除此之外，Word 2016 还有另外一种宏的运行方法是单步运行宏。其同直接运行宏的区别在于：直接运行宏是从宏的第一步执行到最后一步操作，而单步运行宏则是每次只执行一条操作，这样，就可以清楚地看到每一步操作及其效果。因为宏是一系列操作的集合，本质是 Visual Basic 代码。所以，可以用 Visual Basic 编辑器打开宏并单步运行宏。

要单步运行宏，可打开【开发工具】选项卡，在【代码】组中单击【宏】按钮，打开【宏】对话框。在对话框中选择要运行的宏命令，然后单击【单步执行】按钮即可。

9.1.5 编辑宏

录制宏生成的代码通常都不够简洁、高效，并且功能和范围非常有限。如果要删除宏中的某些错误操作，或者是要添加诸如"添加分支""变量指定""循环结构""自定义用户窗体""出错处理"等功能的代码，这时，就需要对宏进行编辑操作。

打开【开发工具】选项卡，在【代码】组中单击 Visual Basic 按钮，打开 Visual Basic 编辑窗口(也可以按 Alt+F11 组合键)。在 Visual Basic 编辑器中，可以对宏的源代码进行修改，添加或删除宏的源代码。

在 Visual Basic 编辑窗口左侧的工程资源管理器任务窗格中单击节点展开录制宏所在的模块(如 NewMacros)，然后双击该模块，即可打开下图所示的代码窗口，在此窗口中显示刚才录制的宏。

实用技巧

在【宏】对话框中，选择要编辑的宏后，单击【编辑】按钮，同样可以打开 Visual Basic 编辑窗口。

编辑完毕后，可以在 Visual Basic 编辑器中选择【文件】|【关闭并返回到 Microsoft Word】命令，返回 Word，Visual Basic 将自动保存所做的修改。

9.1.6 复制宏

Normal 模板中的宏可应用到每一个 Word 文档中，利用【管理器】对话框，也可以将其保存在其他模板或单个模板中；如果创建的宏能和其他文件共享，利用【管理器】对话框可以将其移到 Normal 模板中。

在 Word 2016 中，很容易从一个模板(或文档)中复制一组宏到另一个模板(或文档)中。宏被保存在模板或组中，不能传递单个宏，只能传递一组宏。

要在模板或文档中复制宏，可以在【宏】对话框中单击【管理器】按钮，在打开的【管理器】对话框中进行相关的设置。

【例 9-3】在 Word 2016 中使用【宏】对话框复制宏。
🔑 视频

step 1 启动 Word 2016，打开一篇 Word 文档，打开【开发工具】选项卡。在【代码】组中单击【宏】按钮，打开【宏】对话框，单击【管理器】按钮。

step 2 打开【管理器】对话框的【宏方案项】选项卡。在左边列表框中显示了当前活动文档

使用的宏组，在右边列表框中显示的是Normal
模板中的宏。在右侧列表框中选择要复制的宏
组NewMacros，单击【复制】按钮，将选定的
宏组复制到左边的当前活动文档中。

step 3 单击【关闭】按钮，完成宏的复制。
此时，在新文档中可以使用该宏命令。

实用技巧

　　如果要复制别的模板中的宏，可以单击下面的
【关闭文件】按钮，关闭 Normal 模板。此时，【关闭
文件】按钮变成【打开文件】按钮，再次单击该按钮，
即可在打开的对话框中选择要复制宏的模板或文件。

9.1.7　重命名宏与宏组

　　Word 2016 可以为已经创建好的宏或宏
组重命名，但两者的重命名的过程不同。一
般宏组能在宏管理器中直接重命名，而单个
宏则必须在 Visual Basic 编辑器中重命名。

　　要重命名宏组，可以先打开包含需要重
命名宏组的文档或模板。打开【开发工具】
选项卡，在【代码】组中单击【宏】按钮，
在打开的【宏】对话框中单击【管理器】按
钮，打开【管理器】对话框的【宏方案项】
选项卡。选中需要重新命名的宏组，单击【重

命名】按钮，在打开的【重命名】对话框中
输入新名称即可。

　　要重命名单步宏，可以打开【开发工具】
选项卡，在【代码】组中单击【宏】按钮，
打开【宏】对话框，在列表框中找到要重命
名的宏。单击右侧的【编辑】按钮，将打开
Visual Basic 编辑窗口，同时打开用户的宏
组，以便进行编辑。找到想要重新命名的宏，
修改宏的名称即可。

　　如果想要将名为 NewMacros 的宏重命名
为 MyMacro，可以在 Visual Basic 编辑器中打
开其源代码，并修改第 1 行内容即可。例如，
将 Sub NewMacros()改为 Sub MyMacro()。

9.1.8　删除宏

　　要删除在文档或模板中不需要的宏命
令，可以先打开包含需要删除宏的文档或模
板。打开【开发工具】选项卡，在【代码】
组中单击【宏】按钮，打开【宏】对话框，
在【宏名】列表框中选择要删除的宏，然后
单击【删除】按钮。

此时，系统将打开消息对话框，在该对话框中单击【是】按钮，即可删除该宏命令。

9.2 使用域

域是一种特殊的代码，用于指示 Word 在文档中插入某些特定的内容或自动完成某些复杂的功能。在 Word 中，可以使用域插入许多有用的内容，包括页码、时间和某些特定的文字内容或图形等。使用域，还可以完成一些复杂而非常实用的操作，如自动编写索引、目录。

9.2.1 插入域

在一些文档中，某些文档内容可能需要随时更新。例如，在一些每日报道型的文档中，报道日期需要每天更新。如果手工更新这些日期，不仅烦琐而且容易遗忘，此时，可以通过在文档中插入 Data 域代码来实现日期的自动更新。

域是文档中可能发生变化的数据或邮件合并文档中套用信函、标签的占位符。最常用的域有 Page 域(插入页码)和 Date 域(插入日期和时间)。域包括域代码和域结果两部分，域代码是代表域的符号；域结果是利用域代码进行一定的替换计算得到的结果。域类似于 Microsoft Excel 中的公式，具体来说，域代码类似于公式，域结果类似于公式产生的值。

域的最大优点是可以根据文档的改动或其他有关因素的变化而自动更新。例如，生成目录后，目录中页码会随着页面的增减而产生变化，这时可通过更新域来自动修改页码。因而使用域不仅可以方便快捷地完成许多工作，而且能够保证结果的准确性。

在 Word 2016 中，可以使用【域】对话框，将不同类别的域插入文档中，并可设置域的相关格式。

【例 9-4】在"制茶"文档中插入【日期和时间】类型的域，并设置该日期在文档中可以自动更新。

视频+素材 (素材文件\第 09 章\例 9-4)

step 1 启动 Word 2016，打开"制茶"文档。

step 2 将光标放置在需要插入域的位置，打开【插入】选项卡，在【文本】组中单击【文档部件】按钮，在弹出的菜单中选择【域】命令。

step 3 打开【域】对话框，在【类别】下拉列表框中选择【日期和时间】选项。在【域名】列表框中选择 CreateDate 选项。在【日期格式】列表框中选择一种日期格式，在【域选项】选项区域中选中【更新时保留原格式】复选框，单击【确定】按钮。

step 4 此时，即可在文档中插入一个 CreateDate 域。当用鼠标单击该部分文档内容时，域内容将显示为灰色。

实用技巧

按 Ctrl+F9 组合键，可以在文档中输入一个空域 {|}。

9.2.2 更新域和设置域格式

对域有了一个直观的认识后，可以进一步了解域的组成部分和操作原理。实际上，域类似于 Microsoft Excel 中的公式。其中，有"域代码"这样一个"公式"，可以算出"域结果"并将结果显示出来，用于保持信息的最新状态。

以上图所示的 CreateDate 域为例，该图显示的就是该域的域结果，当单击该域后按 Shift+F9 组合键，Word 将显示出该域的域代码，如下图所示。

域代码显示在一个大括号 {} 中，其中包括：

➤ CREATEDATE 是域名称。

➤ EEEE 年 O 月 A 日是一个日期域开关，指定日期的显示方式。

➤ MERGEFORMAT 是一个字符格式开关，该开关的含义是将以前的域结果所使用的格式作用于当前的新结果。

实用技巧

所谓域"开关"是指导致产生特定操作的特殊说明，例如用于指定域结果的显示方式、字符格式等，向域中添加开关后可以更改域结果。

通过查阅域代码可以了解域的具体内容，查阅完毕后再按 Shift+F9 组合键则可以切换回域结果。

更新域实际上就是更新域代码所引用的数据，而计算出来的域结果也将被相应更新。更新域的方法很简单，如果要更新单个域，则只需单击该域，按 F9 键即可；如果要更新文档中所有的域，则按 Alt+A 键选定整篇文档后再按 F9 键。

实用技巧

如果域信息未更新，则可能此域已被锁定，要解除锁定，可以选中此域，然后按 Ctrl+Shift+F11 组合键，最后按下 F9 键即可更新；要锁定某个域以防止更新结果，可以按 Ctrl+F11 组合键。另外，在域上右击，从弹出的快捷菜单中选择【更新域】【编辑域】【切换域代码】等命令来完成对域的相关操作。

9.3 使用公式

Word 2016 集成了公式编辑器，内置了多种公式，使用它们可以方便地在文档中插入复杂的数据公式。

9.3.1 使用公式编辑器创建公式

使用公式编辑器可以很方便地在文档中插入公式。打开【插入】选项卡，在【文本】组中单击【对象】按钮，打开【对象】对话框中的【新建】选项卡，在【对象类型】列表框中选择【Microsoft 公式 3.0】选项，单击【确定】按钮。

随后即可打开【公式编辑器】窗口和【公式】工具栏，如下图所示。

在【公式编辑器】窗口的文本框中，可以进行公式编辑，在【公式】工具栏上单击【下标和上标模板】按钮 ，选择所需的上标样式，插入一个上标符号并在文本框中

输入符号内容。使用同样的方法输入其他符号，编辑完后在文本框外任意处单击，即可返回原来的文档编辑状态。

实用技巧

在文档中双击创建的公式，打开【公式编辑器】窗口和【公式】工具栏。此时，即可重新编辑公式。

9.3.2 使用内置公式创建公式

在 Word 2016 的公式库中，系统提供了多款内置公式，利用这几款内置公式，用户可以方便地在文档中创建新公式。

打开【插入】选项卡，单击【符号】组中的【公式】下拉按钮，在弹出的下拉列表框中预设了多款内置公式。这里选择【泰勒展开式】公式样式。此时，即可在文档中插入该内置公式。

插入内置公式后，系统自动打开【公式工具】的【设计】选项卡。在【工具】组中，单击【公式】下拉按钮，弹出内置公式下拉列表框。在该列表框中选择一种公式样式，同样可以插入内置公式。

9.3.3　使用命令创建公式

打开【插入】选项卡，在【符号】组中单击【公式】下拉按钮，在弹出的下拉菜单中选择【插入新公式】命令，打开【公式工具】窗口中的【设计】选项卡。在该窗口的【在此处键入公式】提示框中可以进行公式编辑。

在【符号】组中，内置了多种符号，供用户输入公式。单击【其他】按钮，在弹出的列表框中单击【基础数学】下拉按钮，从弹出的菜单中可以选择其他类别的符号。

【例 9-5】在 Word 2016 文档中，使用【公式工具】窗口中的命令制作方程式。

🔴 视频+素材 (素材文件\第 09 章\例 9-5)

step 1 启动 Word 2016 应用程序，新建一个空白文档，将其以"制作方程式"为名保存。

step 2 将鼠标指针定位在文档中，打开【插入】选项卡，在【符号】组中单击【公式】下拉按钮，在弹出的下拉菜单中选择【插入新公式】命令。

step 3 打开【公式工具】的【设计】选项卡，此时在文档中出现【在此处键入公式】提示框，在【结构】组中单击【上下标】按钮，在打开的列表框中选择【上标】样式。

step④ 在文本框中插入上标符号，并在文本框中输入公式字符。

step⑤ 将光标定位在X^2末尾处，若光标比正常的还短，需按一下方向键→，使接下来输入的内容向字母看齐，单击【设计】选项卡的【符号】组中的【其他】按钮，选择+号。

step⑥ 此时X^2后面添加了+号，然后使用前面的方法，输入Y^2=。

step⑦ 单击【设计】选项卡的【结构】组中的【分数】按钮，选择【分数(竖式)】选项。

step⑧ 选中分数上面的方框，单击【设计】选项卡的【符号】组中的【其他】按钮，选择√号。

step⑨ 此时方程式显示如下图所示。

，显示为普通文本的方程式，最终效果如下图所示。

step 10 继续输入字符，然后选中制作好的方程式，在【工具】组中单击【普通文本】按钮

9.4　案例演练

本章的案例演练部分为创建带提示域的请柬，在文档中进行宏的操作等综合实例操作，用户通过练习从而巩固本章所学知识。

9.4.1　制作请柬

【例9-6】在 Word 2016 中创建带提示域的请柬文档。

视频+素材（素材文件\第 09 章\例9-6）

step 1 启动 Word 2016，创建一篇空白文档。在插入点处输入"请柬"，设置字体为【隶书】，字号为【二号】，并且居中对齐。

step 2 将插入点定位在第 2 行，打开【插入】选项卡，在【文本】组中单击【文档部件】按钮，在弹出的菜单中选择【域】命令。

step 3 打开【域】对话框，在【域名】列表框中选择 MacroButton 选项，在【显示文字】文本框中输入"请输入被邀请者称呼"，在【宏名】列表框中选择 DoFiledClick 选项，单击【确定】按钮。

step 4 返回Word文档中，在插入点处显示文本"请输入被邀请者称呼"。

step 5 单击【文件】按钮，在弹出的菜单中选择【选项】选项，打开【Word选项】对话框，打开【高级】选项卡，在右侧的【显示文档内容】选项区域的【域底纹】下拉列表框中选择【始终显示】选项，单击【确定】按钮。

step 6 返回Word文档，此时，文本以带灰色的底纹显示。

step 7 使用同样的方法，创建其他提示域及文本。

step 8 设置请柬正文的字号为四号，首行缩进2个字符，最后两个段落为左对齐，最终效果如下图所示。

9.4.2 进行宏操作

【例 9-7】在"诗词鉴赏"文档中进行录制宏、运行宏、编辑宏、复制宏、删除宏的操作。

视频+素材 (素材文件\第09章\例9-7)

step 1 启动Word 2016，打开名为"诗词鉴赏"的文档，并选择如下图所示的文本。

step 2 选择【开发工具】选项卡，在【代码】组中单击【录制宏】按钮。

step 3 打开【录制宏】对话框，在【宏名】文本框中输入"宏1"，在【将宏保存在】下拉列表框中选择【诗词鉴赏.docx(文档)】选项，在【说明】文本框中输入"插入项目符号"，然后单击【确定】按钮。

step 4 此时，鼠标指针后面有一个宏录制图标。选择【开始】选项卡，在【段落】组中单击【项目符号】下拉按钮，在弹出的下拉列表中选择一个项目符号选项。

step 5 选择【开发工具】选项卡，在【代码】组中单击【停止录制】按钮■，完成录制宏的操作。

step 6 录制完成后，可以运行宏。选择文档中所有未添加项目符号的文本，然后打开【开发工具】选项卡，在【代码】组中单击【宏】按钮，打开【宏】对话框。在【宏名】列表框中选择【宏1】选项，在【宏的位置】下拉列表框中选择【诗词鉴赏.docx(文档)】选项，单击【运行】按钮。

step 7 开始运行宏，将其他文本添加项目符号，完成运行宏的操作。

step 8 接下来进行编辑宏的操作。打开【开发工具】选项卡，在【代码】组中单击【宏】按钮，打开【宏】对话框。在【宏名】列表框中选择【宏1】选项，单击【编辑】按钮。

step 9 打开代码窗口，用户可以在窗口中对宏进行代码编辑操作。

step 10 完成编辑宏后，开始复制宏的操作。首先新建一个空白Word文档"文档1"，打开【开发工具】选项卡。在【代码】组中单击【宏】按钮，打开【宏】对话框，单击【管理器】按钮。

step 11 打开【管理器】对话框，在该对话框中单击右侧的【关闭文件】按钮。

step 12 此时，该按钮变为【打开文件】按钮，单击该按钮。

step 13 打开【打开】对话框，在该对话框中【文件名】后的下拉列表中选择【所有文件】选项，选择【诗词鉴赏】文档，然后单击【打开】按钮。

step 14 返回【管理器】对话框，单击【复制】按钮，即可复制宏。单击【关闭】按钮退出对话框。

step⑮ 如果用户要删除宏，打开【开发工具】选项卡，在【代码】组中单击【宏】按钮，打开【宏】对话框。在【宏名】列表框中选择【宏1】选项，单击【删除】按钮。

step⑯ 弹出提示框，单击【是】按钮，即可删除该宏。

9.4.3 制作公式

【例9-8】在Word 2016中使用公式工具输入公式。

视频+素材（素材文件\第09章\例9-8）

step① 启动Word 2016，新建一个空白文档，将其以"化学方程式"为名保存。

step② 选择【插入】选项卡，在【符号】组中单击【公式】按钮，在弹出的下拉列表中选中【插入新公式】命令。

step③ 打开【公式工具】的【设计】选项卡，此时在文档中出现【在此处键入公式】提示框，在【结构】组中单击【上下标】按钮，在打开的列表框中选择【下标】样式。

step④ 在文本框中插入下标符号，并在文本框中输入公式字符。

step⑤ 使用同样的方法，输入其他下标字符。

step⑥ 将光标定位在H_2CO_3末尾处，若光标比正常的还短，需按一下方向键→，使接下来输入的内容向字母看齐，在【结构】组中单击【运算符】按钮，从弹出的下拉列表框中选择【右箭头在下】选项，插入该样式的运算符。

step 7 单击虚线框使之处于选中状态，在【符号】组中单击【其他】按钮▼，在弹出的【基础数学】面板中选择一种化学加热符号，输入该符号至虚线框中。

step 8 将光标定位在右箭头符号的右侧，在箭头右侧部分输入其他字符，完成化学方程式的输入。

step 9 选中制作好的化学方程式，在【工具】组中单击两次【普通文本】按钮 abc，使化学方程式更加美观，最终效果如下图所示。

第 10 章

Word 文档的网络应用

　　Word 2016 不仅是一个优秀的文字处理软件，而且能良好地支持 Internet。它提供了链接 Internet 网址及电子邮件地址等功能，还可以发送电子邮件和文档。本章将主要介绍使用超链接、发布电子邮件和邮件合并等操作。

 本章对应视频

10.1 添加超链接

超链接的定义就是将不同应用程序、不同文档、甚至是网络中不同计算机之间的数据和信息通过一定的手段联系在一起的链接方式。在文档中，超链接通常以蓝色下划线显示，单击后就可以从当前的文档跳转到另一个文档或当前文档的其他位置，也可以跳转到Internet 的网页上。

10.1.1 插入超链接

使用 Word 2016 提供的插入超链接功能，可以方便地在文档中插入一个超链接。其操作方法如下。

将插入点定位在需要插入超链接的位置，打开【插入】选项卡，在【链接】组中单击【超链接】按钮，打开【插入超链接】对话框。

知识点滴

超链接也称为超级链接，超链接还可以转到FTP 站点、Telnet、Gopher 或新闻组。

在【链接到】列表框中选择链接位置；在【要显示的文字】文本框中输入超链接的名称；在【地址】下拉列表框中输入超链接的路径；单击【屏幕提示】按钮，打开【设置超链接屏幕提示】对话框，在其中可以输入系统对该超链接的屏幕提示。

【例 10-1】创建"百度简介"文档，并在该文档中添加超链接，要求显示为 www.baidu.com，网址为 http://www.baidu .com，屏幕提示为"百度首页"。

🎬**视频+素材** (素材文件\第 10 章\例 10-1)

step 1 启动Word 2016，创建"百度简介"文档，输入和设置文本后，将插入点定位在第 1 段的正文第 1 处"百度"文本后面。

step 2 打开【插入】选项卡，在【链接】组中单击【超链接】按钮。

step 3 打开【插入超链接】对话框，在【要显示的文字】文本框中输入www.baidu.com，在【地址】下拉列表框中输入 http://www.baidu.com，单击【屏幕提示】按钮。

step 4 打开【设置超链接屏幕提示】对话框，在【屏幕提示文字】文本框中输入"百度首页"，然后单击【确定】按钮。

step 5 返回【插入超链接】对话框，单击【确定】按钮，完成设置。此时，文档中将出现以蓝色下划线显示的超链接，将光标移到该超链接，将出现屏幕提示文本。

step 6 按住Ctrl键，鼠标指针变为手型，单击该超链接，将打开网络浏览器并转向百度首页。

10.1.2　自动更正超链接

Word 2016 提供了自动更正超链接的功能。当输入 Internet 网址或电子邮件地址时，系统会自动将其转换为超链接，并以蓝色下划线表示该超链接。

【例 10-2】使用自动更正超链接功能。

📹 视频+素材 (素材文件\第 10 章\例 10-2)

step 1 启动Word 2016程序，打开"百度简介"文档，单击【文件】按钮，在弹出的菜单中选择【选项】命令，打开【Word选项】

对话框的【校对】选项卡，单击【自动更正选项】按钮。

step 2 打开【自动更正】对话框，打开【键入时自动套用格式】选项卡，并在【键入时自动替换】选项区域中选中【Internet及网络路径替换为超链接】复选框，单击【确定】按钮。

step 3 返回【Word选项】对话框，单击【确定】按钮返回文档。将插入点定位在倒数第 2 段中的文本"贴吧"后面，输入文本"http://tieba.baidu.com/"，按空格键，前面输入的文本自动变为超链接。

step④ 单击该链接，即可打开网络浏览器，跳转到百度贴吧页面。

10.1.3 编辑超链接

在 Word 中不仅可以插入超链接，还可以对超链接进行编辑，如修改超链接的网址及其提示文本，修改默认的超链接外观等。

1. 修改超链接的网址及其提示文本

要修改超链接的网址及其提示文本，只需右击该超链接，在弹出的快捷菜单中选择【编辑超链接】命令，打开【编辑超链接】对话框。

在【编辑超链接】对话框中，可以进行相应的修改。在【要显示的文字】文本框中可以修改超链接的网址；单击【屏幕提示】按钮，打开【设置超链接屏幕提示】对话框，在该对话框中可以修改提示文本。

【例 10-3】在"百度简介"文档中编辑超链接"http://tieba.baidu.com/"，改变其文本和屏幕提示。

🔵 **视频+素材** (素材文件\第 10 章\例 10-3)

step① 启动 Word 2016 程序，打开"百度简介"文档，将插入点定位在超链接"http://tieba.baidu.com/"中，右击，在弹出的快捷菜单中选择【编辑超链接】命令。

step② 打开【编辑超链接】对话框，在【要显示的文字】文本框中输入"mail.baidu.net"，在【地址】文本框中输入"http://mail.baidu.net/"，单击【屏幕提示】按钮。

step 3 打开【设置超链接屏幕提示】对话框。在【屏幕提示文字】文本框中输入"企业邮箱"，单击【确定】按钮。

step 4 返回【编辑超链接】对话框，单击【确定】按钮。此时，文档中将出现以蓝色下划线显示的超链接，将光标移到该超链接上，将出现屏幕提示文本。

从创立之初，百度便将"让人们最平等、便捷成立以企业邮箱 —向"的理念，不单，可i 按住 Ctrl 并单击可访问链接及服务，其中包括mail.baidu.net 为主的社区搜索，针对各区域、行业道、IM 等，全面覆盖了中文网络世界所有的搜索的搜索份额超过 80%。

为推动中国数百万中小网站的发展，百度借助类网站，建立了世界上最大的网络联盟，使各类企均大面积提升。与此同时，各网站也在联盟大家

2. 修改超链接的外观

要修改超链接的外观样式，首先选中超链接，然后对其进行格式化，如修改字体、字号、颜色、下划线的种类等。

【例 10-4】在"百度简介"文档中，编辑超链接的字体颜色和下划线的线型。

视频+素材 (素材文件\第 10 章\例 10-4)

step 1 启动 Word 2016 程序，打开"百度简介"文档，选取超链接"www.baidu.com"，打开【开始】选项卡，在【字体】组中单击【字体颜色】下拉按钮，在弹出的菜单中选择【绿色】色块，单击【下划线】下拉按钮，在弹出的菜单中选择【虚下划线】选项。

百度 www.baidu.com 是全球最大的中文搜彦宏创立于北京中关村，致力于向人们提供"字源于中国宋朝词人辛弃疾的《青玉案·元夕文信息检索技术的执著追求。

百度拥有数千名研发工程师，这是中国乃至世界上最为先进的搜索引擎技术，使百度成为中企业，也使中国成为美国、俄罗斯、和韩国之外国家之一。

step 2 选取超链接"tieba.baidu.com"，打开【开始】选项卡。在【字体】组中单击【字体颜色】下拉按钮，在弹出的菜单中选择【浅蓝】色块，单击【下划线】下拉按钮 U ，在弹出的菜单中选择【双划线】选项。

实用技巧

设置一个超链接的格式后，还可以使用格式刷对其他超链接应用同样的外观。此外，如果需要修改文档中所有的超链接，可以使用【样式】任务窗格，一次性更改整个文档中的超链接的样式。

从创立之初，百度便将"让人们最平等、便 成立以来，公司秉承"以用户为导向"的理念， 单，可依赖"的互联网搜索产品及服务，其中包 tieba.baidu.com 为主的社区搜索，针对各区域、 频道、IM 等，全面覆盖了中文网络世界所有的 国的搜索份额超过 80%。↵

为推动中国数百万中小网站的发展，百度值 类网站，建立了世界上最大的网络联盟，使各类 均大面积提升。与此同时，各网站也在联盟大暑

10.1.4 取消超链接

插入一个超链接后，可以随时将超链接转换为普通文本。方法很简单，主要有以下两种操作。

➤ 右击超链接，从弹出的快捷菜单中选择【取消超链接】命令。

➤ 选择超链接，按 Shift+Ctrl+F9 组合键。

10.2 发送电子邮件

在 Word 2016 中，可以将文档作为电子邮件发送，同时需要利用 Office 组件中的 Outlook 2016 软件。

在需要发送的文档中，单击【文件】按钮，在弹出的菜单中选择【共享】选项，在中间的窗格里选择【电子邮件】选项，并在右侧窗格中选择一种发送方式，如【作为附件发送】选项。

可以邮件的形式发送文档。

电子邮件发送方式有如下两种。

➤ 作为附件发送：以附件形式发送的电子邮件页面，其中附加了采用原文件格式的文件副本及网页形式的文件副本。

➤ 作为 PDF 形式发送：以电子邮件的形式发送 PDF 形式的页面，其中附加了.pdf 格式的文件副本。

随后将自动启动 Outlook 2016，打开一个邮件窗口。此时，文档名已填入【附件】框中，在【收件人】【主题】和【抄送】文本框中填写相关信息，单击【发送】按钮，即

10.3　邮件合并

邮件合并是 Word 的一项高级功能，能够在任何需要大量制作模板化文档的场合中大显身手。用户可以借助 Word 的邮件合并功能来批量处理电子邮件，如通知书、邀请函、明信片、准考证、成绩单、毕业证书等，从而提高办公效率。邮件合并是将作为邮件发送的文档与由收信人信息组成的数据源合并在一起，作为完整的邮件。邮件合并操作的主要过程包括创建主文档、选择数据源和合并文档等。

10.3.1　创建主文档

要合并的邮件由两部分组成，一部分是在合并过程中保持不变的主文档；另一部分是包含多种信息(如姓名、单位等)的数据源。因此，进行邮件合并时，首先应该创建主文档。创建主文档的方法有两种，一种是新建一个文档作为主文档，另一种是将已有的文档转换为主文档；下面将具体介绍这两种方法。

1. 新建一个文档作为主文档

新建一篇 Word 文档，打开【邮件】选项卡，在【开始邮件合并】组中单击【开始邮件合并】按钮，在弹出的快捷菜单中选择文档类型，如【信函】【电子邮件】【信封】【标签】和【目录】等，即可创建一个主文档。

实用技巧

如果主文档类型使用【普通 Word 文档】，那么数据源每条记录合并生成的内容后面都有【下一页】的分页符，每条记录所生成的合并内容都会从新页面开始。如果想节省版面，可以选择【目录】类型，这样合并后每条记录之前的分页符自动设置为【连续】。

2. 将已有的文档转换为主文档

打开一篇已有的文档，打开【邮件】选项卡。在【开始邮件合并】组中单击【开始邮件合并】按钮，在弹出的快捷菜单中选择【邮件合并分步向导】命令，打开【邮件合并】任务窗格。在其中进行相应的设置，就可以将该文档转换为主文档。

【例 10-5】打开"百度简介"文档，将其转换为信函类型的主文档。

视频+素材　(素材文件\第 10 章\例 10-5)

step 1　启动 Word 2016 程序，打开"百度简介"文档，打开【邮件】选项卡，在【开始邮件合并】组中单击【开始邮件合并】按钮，在弹出的菜单中选择【邮件合并分步向导】命令。

step 2　打开【邮件合并】任务窗格，选中【信函】单选按钮，单击【下一步：开始文档】链接。

step 3 打开下图所示的【邮件合并】任务窗格，选中【使用当前文档】单选按钮。

表等。主文档必须连接到数据源，才能使用数据源中的信息。在邮件合并过程中所使用的【地址列表】是一个专门用于邮件合并的数据源。

> **【例 10-6】** 在例 10-5 的基础上，创建一个名为"地址簿"的数据源，并输入信息。
> **视频+素材** （素材文件\第 10 章\例 10-6）

step 1 启动 Word 2016 程序，在例 10-5 中最后一个步骤图中所示的任务窗格中，单击【下一步：选择收件人】链接，打开如下图所示的任务窗格，选中【键入新列表】单选按钮，在【键入新列表】选项区域中单击【创建】链接。

step 2 打开【新建地址列表】对话框，在相应的域文本框中输入有关信息。

实用技巧

操作到此步骤时可以先暂停，学习下面的章节内容时，将会在该例题的基础上进行补充。

10.3.2 选择数据源

数据源是指要合并到文档中的信息文件，如要在邮件合并中使用的名称和地址列

step 3 单击【新建条目】按钮，可以继续输入若干条其他条目，然后单击【确定】按钮。

step 4 打开【保存通讯录】对话框，在【文件名】文本框中输入"地址簿"，单击【保存】按钮。

step 5 打开【邮件合并收件人】对话框，在该对话框列出了创建的所有条目，单击【确定】按钮。

step 6 返回【邮件合并】任务窗格，在【使

用现有列表】选项区域中，可以看到创建的列表名称。

10.3.3　编辑主文档

创建数据源后就可以编辑主文档了。在编辑主文档的过程中，需要插入各种域，只有在插入域后，Word 文档才成为真正的主文档。

1．插入地址块和问候语

要插入地址块，将插入点定位在要插入合并域的位置，在【邮件合并】任务窗格的第 4 步单击【地址块】链接，打开【插入地址块】对话框，在该对话框中使用 3 个合并域插入收件人的基本信息。

插入问候语与插入地址块的方法类似。将插入点定位在要插入合并域的位置,在【邮件合并】任务窗格的第 4 步,单击【问候语】链接,打开【插入问候语】对话框,在该对话框中可以自定义称呼、姓名格式等。

2. 插入其他合并域

在使用中文编辑邮件合并时,应使用【其他项目】来完成主文档的编辑操作,使其符合中国人的阅读习惯。

【例 10-7】 在例 10-6 的基础上插入姓名至称呼处。

视频+素材 (素材文件\第 10 章\例 10-7)

step 1 启动 Word 2016 程序,在例 10-6 中最后一个步骤图中所示的任务窗格中,单击【下一步:撰写信函】链接,打开下图所示的【邮件合并】任务窗格,单击【其他项目】链接。

step 2 打开【插入合并域】对话框,在【域】列表框中选择【姓氏】选项,单击【插入】按钮。

step 3 此时，将域【姓氏】插入文档。使用同样的方法，插入域【名字】。

step 4 在【邮件合并】任务窗格中单击【下一步：预览信函】链接，在文档中插入收件人的信息并进行预览。

> ### 实用技巧
>
> 在上图任务窗格的【预览信函】选项区域中，单击【收件人】左右两侧的 << 和 >> 按钮，可选择收件人的信息，并自动插入文档中进行预览。

10.3.4　合并文档

主文档编辑完成并设置数据源后，需要将两者进行合并，从而完成邮件合并工作。要合并文档，只需在下图所示的任务窗格中，单击【下一步：完成合并】链接即可。

完成文档合并后，在任务窗格的【合并】选项区域中可实现两个功能：合并到打印机和合并到新文档，用户可以根据需要进行选择。

> ### 实用技巧
>
> 使用邮件合并功能的文档，其文本不能使用类似 1.，2.，3.，……数字或字母序列的自动编号，应使用非自动编号，否则邮件合并后生成的文档，下文将自动接上文继续编号，造成文本内容的改变。

1. 合并到打印机

在任务窗格中单击【打印】链接，将打开如下图所示的【合并到打印机】对话框，该对话框中主要选项的功能如下所示。

▶ 【全部】单选按钮：打印所有收件人的邮件。

▶ 【当前记录】单选按钮：只打印当前收件人的邮件。

▶ 【从】和【到】单选按钮：打印从第X收件人到第X收件人的邮件。

2. 合并到新文档

在任务窗格中单击【编辑单个信函】

链接，将打开如下图所示的【合并到新文档】对话框，该对话框中主要选项的功能如下所示。

▶ 【全部】单选按钮：所有收件人的邮件形成一篇新文档。

▶ 【当前记录】单选按钮：只有当前收件人的邮件形成一篇新文档。

▶ 【从】和【到】单选按钮：第X收件人到第X收件人的邮件形成新文档。

10.4 制作中文信封

Word 2016 提供了制作中文信封的功能，用户可以利用该功能制作符合国家标准，含有邮政编码、地址和收信人的信封。

【例 10-8】使用 Word 2016 的中文信封功能制作"信封"文档。

◎ 视频+素材 (素材文件\第 10 章\例 10-8)

step ① 启动 Word 2016，创建一个空白文档。

step ② 打开【邮件】选项卡，在【创建】组中单击【中文信封】按钮，打开【信封制作向导】对话框，单击【下一步】按钮。

step ③ 打开【选择信封样式】对话框，在【信封样式】下拉列表中选择符合国家标准的信封型号，并选中所有的复选框，单击【下一步】按钮。

step ④ 打开【选择生成信封的方式和数量】对话框，保持默认设置后，单击【下一步】按钮。

step 5 打开【输入收信人信息】对话框，输入收信人信息，单击【下一步】按钮。

step 6 打开【输入寄信人信息】对话框，输入寄信人信息，单击【下一步】按钮。

step 7 打开信封制作完成对话框，单击【完成】按钮。

step 8 完成信封制作后，会自动打开信封 Word 文档，设置字体为【华文行楷】，设置第 1 行和第 4 行文本的字号为【小四】，设置第 2 行和第 3 行文本的字号为【一号】。

step 9 在快速访问工具栏中单击【保存】按钮，将文档以"信封"为名进行保存。

实用技巧

在【选择信封样式】对话框中，各复选框的功能如下所述。【打印左上角处邮政编码框】复选框：选中该复选框，打印信封时，将左上角邮政编码处的红色方框打印出来；【打印右上角处贴邮票框】复选框：选中该复选框，打印信封时，将右上角处的邮票框打印出来，该邮票框提示用户粘贴邮票；【打印书写线】复选框：选中该复选框，以辅助用户书写信息；【打印右下角处"邮政编码"字样】复选框：选中该复选框，打印信封时，将右下角处的"邮政编码"四字打印出来。

10.5 发布至博客

使用 Word 2016 提供的发布博客功能，可以直接在 Word 2016 中编写并发布自己的博客文章。

Word 2016 支持当前文档以博客文章的方法将内容发布到网站。当然，博客网站必须支持 Word 写博客，并应在此网站注册成为博客用户。下面介绍创建并发布博客文章的方法。

step 1 启动Word 2016，打开一个空白文档，单击【文件】按钮，从弹出的菜单中选择【保存并发送】命令，在中间的窗格中选择【发布至博客】选项，然后单击右侧的【发布至博客】按钮。

step 2 此时，打开博客创建窗口，打开【注册博客账户】对话框，单击【以后注册】按钮，关闭【注册博客账户】对话框。

step 3 在博客创建窗口中输入博客文章标题和内容。

step 4 博客文档创建完成后，在【博客文章】选项卡的【博客】组中单击【发布】按钮，从弹出的下拉菜单中选择【发布】命令。

实用技巧

在博客文档编辑窗口中，可以通过【基本文本】组中的相应功能按钮来设置字体格式。另外，打开【插入】选项卡，单击相应的功能按钮，可以在博客中插入表格、艺术字和图片等。

step 5 打开【注册博客账户】对话框，单击【注册账户】按钮。

step 6 打开【新建博客账户】对话框，在【博客】下拉列表中选择【其他】选项，单击【下一步】按钮。

step 8 此时，Word 将当前文档发布到博客网站，用户可以通过网页浏览器登录到博客页面查看发布的文章。

step 7 打开【新建账户】对话框，在其中输入博客地址、用户名和密码，单击【确定】按钮，即可完成Word与博客账户的关联设置。

10.6　案例演练

本章的案例演练部分为创建批量信封和创建批量邮件标签两个综合实例操作，用户通过练习从而巩固本章所学知识。

10.6.1　创建批量信封

【例 10-9】使用 Word 2016 的邮件合并功能创建批量信封。

（••）视频+素材 (素材文件\第 10 章\例 10-9)

step 1 启动Word 2016，新建一个空白文档，命名为"批量信封"。打开【邮件】选项卡，在【开始邮件合并】组中单击【开始邮件合并】按钮，在打开的菜单中选择【邮件合并分步向导】命令，打开【邮件合并】任务窗格，选中【信封】单选按钮，单击【下一步：开始文档】链接。

step 2 打开【邮件合并】任务窗格，选中【更改文档版式】单选按钮，单击【信封选项】链接。

step 3 打开【信封选项】对话框，切换至【信封选项】选项卡，在【信封尺寸】下拉列表中选择【航空2】选项，在【收信人地址】选项区域中，单击【字体】按钮。

step 5 返回【信封选项】对话框，使用同样的方法，设置【寄信人地址】的字体为【楷体】，字号为【四号】，单击【确定】按钮。

step 4 打开【收信人地址】对话框，将字体设为【楷体】，字号设为【四号】，单击【确定】按钮。

step 6 返回【信封选项】对话框，单击【确定】按钮。

step ⑦ 关闭所有对话框。此时，文档的页面效果如下图所示，然后单击【下一步：选择收件人】链接。

step ⑧ 打开如下图所示的【邮件合并】任务窗格。将插入点定位在收信人地址的文本中，选中【使用现有列表】单选按钮，单击【浏览】链接。

step ⑨ 打开【选取数据源】对话框，选择【地址簿】文件，单击【打开】按钮。

step ⑩ 打开【邮件合并收件人】对话框，在【数据源】列表框中选择【地址簿】数据源，单击【编辑】按钮。

step ⑪ 打开【编辑数据源】对话框，在【公司名称】和【地址行 1】等列中输入文本，单击【确定】按钮。

step ⑫ 打开如下图所示的信息提示框，单击【是】按钮。

step ⑬ 返回【邮件合并收件人】对话框，显示修改后的地址簿，从中选择需要的收件人，单击【确定】按钮。

step ⑭ 返回【邮件合并】任务窗格，单击【下一步：选取信封】链接。

step ⑮ 打开如下图所示的任务窗格，单击【其他项目】链接。

step ⑯ 打开【插入合并域】对话框，插入省、市、地址、公司名称和姓名等。

step ⑰ 单击【关闭】按钮，关闭对话框。此时，信封的页面如下图所示。

step ⑱ 将插入点定位在寄信人文本中，输入寄信人信息。

step ⑲ 在【选取信封】窗格中单击【下一步：预览信封】链接，系统将数据源中的信息插入信封中。可以通过单击【收件人】左右两边的按钮，选取不同的收件人进行查看，单击【下一步：完成合并】链接，生成合并文档。

10.6.2 创建批量邮件标签

【例 10-10】使用 Word 2016 的邮件合并功能将地址簿中的部分收信人的地址行 1、姓氏和名字插入到型号为 3380 的标签中。

🎬 视频+素材 (素材文件\第 10 章\例 10-10)

step 1 启动 Word 2016，新建一个空白文档，并且命名为"批量邮件标签"。

step 2 打开【邮件】选项卡，在【开始邮件合并】组中单击【开始邮件合并】按钮，在弹出的快捷菜单中选择【邮件合并分步向导】命令，打开【邮件合并】任务窗格。选中【标签】单选按钮，单击【下一步：开始文档】链接。

step 3 打开如下图所示的【邮件合并】任务窗格，并单击窗格中的【标签选项】链接。

step 4 打开【标签选项】对话框，在【纸盒】

下拉列表框中选择默认纸盒，在【标签供应商】下拉列表框中选择 Avery US Letter 选项，在【产品编号】列表框中选择 3380 Textured Postcards 选项，单击【确定】按钮。

step 5 返回【邮件合并】任务窗格，单击【下一步：选择收件人】链接，在新打开的任务窗格中单击【浏览】链接。

step 6 打开【选取数据源】对话框，选择【地址簿】文件，单击【打开】按钮。

step 7 打开【邮件合并收件人】对话框，选取需要的收件人，单击【确定】按钮。

step 8 返回任务窗格，单击【下一步：编排标签】链接，打开如下图所示的任务窗格，单击【其他项目】链接。

step 9 打开【插入合并域】对话框，插入地址行1、姓氏和名字，单击【插入】按钮。

step 10 单击【关闭】按钮，关闭对话框，返回任务窗格，单击【下一步：预览标签】链接，打开如下图所示的任务窗格。此时，系统将数据源中的信息插入到标签中，通过单击【收件人】左右两边的按钮，选取不同的收件人进行查看。

step 11 单击【下一步：完成合并】链接，生成合并文档。

第11章

文档的保护、转换与打印

　　Word 2016 提供了文档的保护和转换功能，可以方便地加密文档和快速地转换文档。Word 2016 还提供了非常强大的打印功能，可以轻松地按要求将排版后的文档打印出来。本章将主要介绍文档的保护、转换和打印等内容。

 本章对应视频

11.1 Word 文档的保护

为防止他人盗用文档或任意修改排版过的文档，这时可以对文档进行保护操作，如为文档加密、以只读方式保护文档、保护文档的部分正文内容等。

11.1.1 加密文档

一些有关个人隐私杂记、公司重要资料等文档并不希望别人打开和查看，这时就需要对这些文档进行加密。下面将以实例来介绍为文档加密的方法。

【例 11-1】加密保护"制茶"文档。
● 视频+素材 (素材文件\第 11 章\例 11-1)

step ① 启动 Word 2016 应用程序，打开"制茶"文档。

step ② 单击【文件】按钮，从弹出的菜单中选择【信息】命令，在右侧的窗格中单击【保护文档】下拉按钮，从弹出的下拉菜单中选择【用密码进行加密】命令。

step ③ 打开【加密文档】对话框，在【密码】文本框中输入密码 123，单击【确定】按钮。

step ④ 打开【确认密码】对话框，在【重新输入密码】文本框中再次输入 123，单击【确定】按钮。

step ⑤ 返回 Word 2016 窗口，显示如下图所示的权限信息。

如果要为文档设置修改密码，单击【文件】按钮，从弹出的菜单中选择【另存为】命令，打开【另存为】对话框。单击【工具】按钮，从弹出的快捷菜单中选择【常规选项】命令。

打开【常规选项】对话框，在【修改文件时的密码】文本框中输入密码，单击【确定】按钮即可。当文档设置修改密码后，在打开文档后如果不输入正确的密码，只能以只读方式打开文档，而无法编辑文档。

11.1.2　以只读方式保护文档

在日常办公中，经常需要将一些文档共享供其他用户查看，但又不希望他人修改，这时就可以使用 Word 保护功能，将文档设置为只读方式。

【例 11-2】以只读方式保护"制茶"文档。

视频+素材（素材文件\第 11 章\例 11-2）

step 1 启动 Word 2016 应用程序，打开"制茶"文档。

step 2 单击【文件】按钮，从弹出的菜单中选择【另存为】命令。打开【另存为】对话框，单击【工具】按钮，从弹出的快捷菜单中选择【常规选项】命令。

step 3 打开【常规选项】对话框，选中【建议以只读方式打开文档】复选框，单击【确定】按钮。

step 4 保存文档后，当再次打开该文档时，将弹出如下图所示的信息提示框，单击【是】按钮，文档将以只读方式打开，并在标题栏上显示文字【只读】。

11.1.3　保护正文部分

在一些固定格式的文档中，用户希望在多个指定区域填写或者选择部分列表项目时，这些可编辑区域可以通过内容控件来限制用户在一个或者多个范围内进行有限编辑，从而达到保护文档的效果。

【例 11-3】在"制茶"文档中保护正文。

视频+素材（素材文件\第 11 章\例 11-3）

step 1 启动Word 2016 应用程序，打开"制茶"文档。

step 2 打开【开发工具】选项卡，在【控件】组中单击【纯文本内容控件】按钮 Aa ，在控件中输入内容"保护"。

step 3 打开【审阅】选项卡，在【保护】组中单击【限制编辑】按钮，打开【限制编辑】任务窗格。选中【仅允许在文档中进行此类型的编辑】复选框，在其下的下拉列表框中选择【填写窗体】选项，单击【是，启动强制保护】按钮。

step 4 打开【启动强制保护】对话框，选中【密码】单选按钮，在【新密码】和【确认新密码】文本框中输入密码 123，然后单击【确定】按钮。

step 5 文档被强制保护后，在【限制编辑】任务窗格中显示如下图所示的权限信息。此时，在文档中只能编辑控件区域，其他内容处于不可编辑状态。

此外，用户还可以使用设置例外项的方法来保护文档。

选中指定编辑区域，打开【限制编辑】任务窗格，选中【仅允许在文档中进行此类型的编辑】复选框，在其下的下拉列表框中选择【不允许任何更改(只读)】选项，在【组】列表框中选中【每个人】复选框，单击【是，启动强制保护】按钮，打开【启动强制保护】对话框，输入保护密码，单击【确定】按钮，文档即可被强制保护。

11.2 Word 文档的转换

文档在分发过程中，由于 Word 版本的不同，或者系统所安装的字体不同等原因，往往会丢失一些格式。这时如果希望完整地保留 Word 文档原有的版式，可以直接将文档转换为其他格式，如 Word 2003 格式、html 格式或 PDF 格式等。

11.2.1 转换为 Word 2003 格式

如果其他用户的电脑中没有安装高版本的 Word 2016 应用程序，这时就无法打开 Word 2016 文档。为了使文档在安装 Word 2003 的计算机中也能打开，则需要将其转换为低版本的 Word 2003 格式。

【例 11-4】将"制茶"文档转换为 Word 2003 格式。
🔘 视频+素材 (素材文件\第 11 章\例 11-4)

step 1 启动 Word 2016 应用程序，打开"制茶"文档。

step 2 单击【文件】按钮，从弹出的菜单中选择【另存为】命令，打开【另存为】对话框，在【保存类型】下拉列表中选择【Word 97-2003 文档】选项，设置保存路径后，单击【保存】按钮。

step 3 此时在 Word 2016 窗口的标题栏中显示【兼容模式】，说明文档已经被转换成 Word 2003 格式(文档后缀为.doc)。

11.2.2 转换为 html 格式

当 Word 2016 文档创建完成后，为便于内容的共享和分发，可以将其转换为 html 格式。

【例 11-5】将"制茶"文档转换为 html 格式。
🔘 视频+素材 (素材文件\第 11 章\例 11-5)

step 1 启动 Word 2016 应用程序，打开"制茶"文档。

step 2 单击【文件】按钮，从弹出的菜单中选择【另存为】命令，然后在中间的窗格中单击【浏览】按钮，打开【另存为】对话框，在【保存类型】下拉列表框中选择【网页】选项，单击【保存】按钮。

step 3 此时，会弹出【Microsoft Word 兼容性检查器】对话框，显示有些文字效果将被删除的信息，单击【继续】按钮。

step 4 此时，即可将文档转换为网页形式，双击网页文件，自动启动网络浏览器打开转换后的网页文件。

11.2.3 转换为 PDF 格式

Word 2016 提供了 PDF 功能，使用该功能可以直接将 Word 2016 文档发布为 PDF 格式。这样即使其他用户没有安装 Word 应用程序也能够查看文档。

【例 11-6】将"制茶"文档转换为 PDF 格式。
视频+素材 (素材文件\第 11 章\例 11-6)

step 1 启动 Word 2016 应用程序，打开"制茶"文档。

step 2 单击【文件】按钮，从弹出的菜单中选择【另存为】命令，打开【另存为】对话框，在【保存类型】下拉列表框中选择 PDF 选项，设置保存路径后，单击【保存】按钮。

step 3 此时，即可将文档转换为 PDF 格式，自动启动 PDF 阅读器打开创建好的 PDF 文档。

11.3 文档打印设置

完成文档的制作后，必须先对其进行打印预览，按照用户的不同需求进行修改和调整，然后对打印文档的页面范围、打印份数和纸张大小等参数进行设置，最后将文档打印出来。

11.3.1 添加打印机

打印机是日常生活中必不可少的办公设备。在使用打印机打印文档之前，需要自行连接并添加打印机。

1. 安装本地打印机

一般情况下，打印机连接数据线缆的两头存在着明显的差异，其中一头是卡槽，另一头是螺丝或旋钮。由于计算机并行端口和打印机端口都是梯形接口设计，因此，电缆插入时不会发生错误。如果插不进去，只需检查两者的接口是否对应。将卡槽一头接到打印机后，带有螺丝或者旋钮的一头接到计算机上。计算机箱背面并行端口通常使用打印机图标标明，将电缆的接头接到并行端口上，拧紧螺丝或旋钮将插头固定即可。

要安装本地打印机，包括连接硬件和安装驱动程序。

step 1 首先参照上面介绍的方法连接打印机硬件。

step 2 在打印机中装入打印纸，调整打印机中纸张的位置，使其平整地安置在打印机进纸槽中。

step 3 将打印机电源插头插到电源上，完成以上操作后，打开打印机电源。

step 4 右击【开始】菜单按钮，在弹出的快捷菜单中选择【控制面板】命令，打开【控制面板】窗口，单击【查看设备和打印机】链接。

step 5 打开【设备和打印机】窗口，单击【添加打印机】按钮。

step 6 打开【添加打印机】对话框，选中【通过手动设置添加本地打印机或网络打印机】单选按钮，然后单击【下一步】按钮。

step 7 在打开的【选择打印机端口】对话框中，单击【下一步】按钮。

step 8 打开【安装打印机驱动程序】对话框，选中当前所使用的打印机驱动程序，单击【下一步】按钮。

step 9 接下来在打开的【键入打印机名称】对话框中，保持默认设置，单击【下一步】按钮，即可开始在Window系统中安装打印机驱动。完成安装后，在打开的成功添加对话框中单击【完成】按钮即可。

step 10 此时在【设备和打印机】窗口中，可以看到新添加的打印机。

2. 安装网络打印机

如果局域网中有一台网络共享打印机，

则网络中的所有计算机都可以添加并使用该打印机。

step 1 右击【开始】按钮，在弹出的快捷菜单中选择【控制面板】命令，打开【控制面板】窗口，单击【查看设备和打印机】链接。

step 2 打开【设备和打印机】窗口，单击【添加打印机】按钮。

step 3 打开【添加打印机】对话框，选中【按名称选择共享打印机】单选按钮，然后单击【浏览】按钮。

step 4 选择网络上有打印机的电脑，如【QHWK】电脑选项，单击【选择】按钮。

step 5 选择该打印机，单击【选择】按钮，然后在打开的对话框中单击【下一步】按钮。

step 6 安装打印机驱动程序后，单击【下一步】按钮。

step 7 添加打印机成功，单击【完成】按钮即可完成设置。

step 8 此时在【设备和打印机】窗口中，可以看到新添加的网络打印机。

3. 设置打印机选项

添加打印机后，还需要对其进行设置，以使打印工作能顺利进行。

如果在系统中有几个打印机，可以将其中的一个打印机设置为默认打印机。以后进行打印文档工作时，只需在 Word 2016 文档窗口中执行打印操作，打印工作将直接输出到打印机上，不必每次打印时进行重复选择。

要设置默认打印机，可以在打开的【设备和打印机】窗口中，右击需要设置为默认打印机的图标，从弹出的快捷菜单中选择【设置为默认打印机】命令。

如果需要对默认打印机进行设置，还可以在快捷菜单中选择【属性】命令，打开打印机的属性对话框。在其中可以查看打印机的设备信息，还可对设备属性进行相关设置。

11.3.2 预览文档

在打印文档前，如果希望预览打印效果，可以使用打印预览功能，利用该功能查看文档效果。打印预览的效果与实际上打印的真实效果非常相近，使用该功能可以避免打印失误和不必要的损失。另外，还可以在预览窗格中对文档进行编辑，以得到满意的效果。

1. 预览窗格

在 Word 2016 窗口中，单击【文件】按钮，从弹出的菜单中选择【打印】命令，在右侧的预览窗格中可以预览打印效果。

如果看不清楚预览的文档，可以多次单击预览窗格下方的缩放比例工具右侧的+按钮，以达到合适的缩放比例进行查看。多次单击—按钮，可以将文档缩小至合适大小，以多页方式查看文档效果。单击【缩放到页面】按钮，可以将文档自动调整为当前窗格合适的大小以方便显示内容。另外，拖动滑块同样可以对文档的显示比例进行调整。

2. 进行文档预览

在打印预览窗格中，可以执行如下操作。

▶ 查看文档的总页数，以及当前预览的页码。

▶ 可通过缩放比例工具设置适当的显示比例查看文档。

▶ 可以以单页、双页、多页等方式查看文档。

【例 11-7】预览"公司员工守则"文档，查看该文档的总页数和显示比例分别为 70%、25%、30% 和 14% 时的状态。

🔵 视频+素材 (素材文件\第 11 章\例 11-7)

step 1 启动 Word 2016 应用程序，打开"公司员工守则"文档。

step 2 单击【文件】按钮，选择【打印】命令，打开打印预览窗格，在窗格底端显示文档的总页数为 21 页，当前所在的第 1 页显示的是封面页，文档大小为 50%。

step 3 单击【下一页】按钮，切换至文档的下一页，查看该页(即目录页)的整体效果。

step 4 单击两下按钮，将页面的显示比例调节到 70% 的状态，查看该页中的内容。

step 5 单击【下一页】按钮，查看后面目录页的效果。

step 6 在当前页文本框中输入 10，按 Enter 键。此时，即可切换到第 10 页中查看该页中的文本内容。

step 7 在预览窗格的右侧上下拖动垂直滚动条，可逐页查看文本内容。

step 8 在缩放比例工具中向左拖动滑块至25%，此时，文档将以4页方式显示在预览窗格中。

step 9 使用同样的方法，设置显示比例为30%，此时，将以双页方式来预览文档效果。

step 10 使用同样的方法，设置显示比例为

14%，此时，将以多页方式来预览文档效果。

11.3.3 打印文档

如果一台打印机与计算机已正常连接，并且安装了所需的驱动程序，就可以在 Word 2016 中直接打印所需的文档。

在 Word 2016 文档中，单击【文件】按钮，在弹出的菜单中选择【打印】命令，在打开的【打印】窗格中可以设置打印份数、打印机属性、打印页数和双页打印等内容。

【例 11-8】打印"公司管理制度"文档指定的页面，份数为 3 份，进行打印设置。

视频+素材（素材文件\第 11 章\例 11-8）

step 1 启动Word 2016 应用程序，打开"公司管理制度"文档。

step 2 在【打印】窗格的【份数】微调框中输入 3；在【打印机】列表框中自动显示默认的打印机，此处设置为QHWK上的HP 打印机。

step 3 在【设置】选项区域的【打印所有页】下拉列表框中选择【自定义打印范围】选项，在其下的文本框中输入"3-19"，表示打印范围为第 3~19 页文档内容，单击【单面打印】下拉按钮，从弹出的下拉菜单中选择【手动双面打印】选项。

step 4 在【调整】下拉菜单中可以设置逐份打印，选择【调整】选项。

step 5 设置完打印参数后，单击【打印】按钮，即可开始打印文档。

11.3.4　管理打印队列

　　一般用户都认为将文档送向打印机之后，在文档打印结束之前不可以再对该打印作业进行控制。实际上此时对打印机和该打印作业的控制还没有结束，仍然可以对发送到打印机中的打印作业进行管理。

　　需要查看打印队列中的文档，可以单击【开始】按钮，从弹出的【开始】菜单中选择【设备和打印机】选项，打开【设备和打印机】窗口。双击打印机图标，即可打开打印作业窗口。在该窗口中可以查看打印作业的文档名、状态、所有者、页数、提交时间等信息，还可以管理打印作业。

　　右击打印的任务，从弹出的快捷菜单中选择【暂停】命令，即可暂停某个打印作业的打印，并不影响打印队列中其他文档的打印；选择【继续】命令，可以重新启动暂停的打印作业；选择【取消】命令，可以取消该打印作业。

　　如果要同时将打印队列中的所有打印作

业清除，可以选择【打印机】|【取消所有文 | 档】命令，即可清除所有的打印文档。

11.4　案例演练

　　本章的案例演练部分为设置打印和保护、保护表格内容和转换文档格式这 3 个综合实例操作，用户通过练习从而巩固本章所学知识。

11.4.1　设置打印和保护

【例 11-9】打开"公司管理制度"文档，练习预览、打印和保护功能。

视频+素材 (素材文件\第 11 章\例 11-9)

step 1　启动 Word 2016 应用程序，打开"公司管理制度"文档。

step 2　单击【文件】按钮，在弹出的菜单中选择【打印】命令，在右侧的打印预览窗格中拖动滑块将显示比例设置为 10%，此时即可查看整篇长文档的整体效果。

step 3　在中间的【打印】窗格中，选择当前打印机，在【设置】选项区域中选择【双面打印】选项，在【份数】微调框中输入 5，单击【打印】按钮。

step 4　在【文件】菜单中选择【另存为】命令，单击【浏览】按钮，打开【另存为】对话框，设置保存路径和名称，然后单击【工具】按钮，从弹出的快捷菜单中选择【常规选项】命令。

step 5　打开【常规选项】对话框，设置打开和修改密码都为 123，单击【确定】按钮。

step 6　打开【确认密码】对话框，在文本框中输入打开文件时的密码，然后单击【确定】按钮。

step 7 打开【确认密码】对话框，在文本框中输入修改文件时的密码，然后单击【确定】按钮。

step 8 返回【另存为】对话框，单击【保存】按钮即可加密保存该文档。

step 9 当重新打开该文档时，将连续打开两个【密码】对话框，分别输入打开和修改文件的密码才能打开和修改该文档。

11.4.2 保护表格内容

【例 11-10】打开"简历"文档，保护表格中的文字单元格。

视频+素材（素材文件\第 11 章\例 11-10）

step 1 启动 Word 2016，打开"简历"文档。

step 2 打开【开发工具】选项卡，在【控件】组中单击【纯文本内容控件】按钮，在表格中输入内容控件。

step 3 单击【日期选取器内容控件】按钮，在"出生"右侧的单元格中插入内容控件。

step 4 打开【审阅】选项卡，在【保护】组中单击【限制编辑】按钮。

step 5 打开【限制编辑】任务窗格。选中【仅允许在文档中进行此类型的编辑】复选框，在其下的下拉列表框中选择【填写窗体】选项，单击【是，启动强制保护】按钮。

step⑥ 打开【启动强制保护】对话框，选中【密码】单选按钮，在文本框中输入密码 123，单击【确定】按钮。

step⑦ 文档被强制保护后，在【限制编辑】任务窗格中显示如下图所示的权限信息，此时在文档中只能编辑控件区域，其他内容处于不可编辑状态。

11.4.3 转换文档格式

【例 11-11】将"简历"文档分别转换为 Word 2003 格式、html 格式和 PDF 格式。
🎬视频+素材 （素材文件\第 11 章\例 11-11）

step① 启动 Word 2016，打开"简历"文档。

step② 单击【文件】按钮，从弹出的菜单中选择【另存为】命令，然后在中间的窗格中单击【浏览】按钮。

step③ 打开【另存为】对话框，在【保存类型】下拉列表中选择【Word 97-2003 文档】选项，设置保存路径后，单击【保存】按钮。

step④ 此时在 Word 2016 窗口的标题栏中显示【兼容模式】，说明文档已经被转换为 Word 2003 格式(文档后缀为.doc)。

step 5 继续单击【文件】按钮，从弹出的菜单中选择【另存为】命令，单击【浏览】按钮，打开【另存为】对话框，在【保存类型】下拉列表中选择【网页】选项，单击【保存】按钮。

step 6 打开【Microsoft Word 兼容检查器】对话框，保持默认选项，单击【继续】按钮。

step 7 此时即可将文档转换为html网页形式，在保存路径中双击网页文件，自动启动浏览器打开转换后的网页文件。

step 8 再次单击【文件】按钮，从弹出的菜单中选择【另存为】命令，然后在中间的窗格中单击【浏览】按钮，打开【另存为】对话框，在【保存类型】下拉列表框中选择【PDF】选项，单击【选项】按钮。

step 9 打开【选项】对话框，选中【使用密码加密文档】复选框，单击【确定】按钮。

> step**⑩** 打开【加密PDF文档】对话框,在文本框中输入密码"123456",单击【确定】按钮。

> step**⑪** 返回【另存为】对话框,单击【保存】按钮即可生成PDF文档,双击生成的PDF文档,显示【密码】对话框,输入密码,单击【确定】按钮。

> step**⑫** 打开PDF文档,显示文档表格内容,如下图所示。

第 12 章

Word 综合案例应用

本章将通过多个实用案例来串联各知识点，帮助用户加深与巩固所学知识，灵活运用 Word 2016 的各种功能，提高综合应用的能力。

 本章对应视频

12.1 制作工资表

使用 Word 2016 的表格功能，为文档创建表格，输入表格内的文本，设置表格样式。

【例 12-1】创建"员工工资表"文档，对表格进行编辑，并设置样式。

视频+素材 (素材文件\第 12 章\例 12-1)

step 1 启动Word 2016 应用程序，新建一个"员工工资表"文档，输入表格标题"5 月份员工工资表"，设置字体为"微软雅黑"，字号为"二号"，字体颜色为"蓝色"，对齐方式为"居中"。

step 2 将插入点定位到表格标题下一行，打开【插入】选项卡，在【表格】组中单击【表格】按钮，从弹出的菜单中选择【插入表格】命令。

step 3 打开【插入表格】对话框，在【列数】和【行数】文本框中分别输入 8 和 11，单击【确定】按钮。

step 4 此时即可在文档中插入一个 11×8 的规则表格。

5 月份员工工资表

step 5 将插入点定位到第 1 行第 1 个单元格中，输入文本"姓名"。

step 6 按下 Tab 键，定位到下一个单元格，使用同样的方法，依次在单元格中输入文本内容。

step 7 选定表格的第 1 行，打开【布局】选项卡，然后在【单元格大小】组中单击对话框启动器按钮。

step 8 在打开的【表格属性】对话框中选择【行】选项卡，然后选中【指定高度】复选框，在其后的微调框中输入"1.2 厘米"，在【行高值是】下拉列表中选择【固定值】选项，单击【确定】按钮。

step 9 选定表格的第 2 列，打开【表格属性】对话框的【列】选项卡，选中【指定宽度】复选框，在其后的微调框中输入"1.2 厘米"，单击【确定】按钮。

step 10 使用同样的方法，将表格的第 1、7、8 列的列宽设置为 2.2 厘米，效果如下图所示。

step 11 单击表格左上方的 ⊞ 按钮，选定整个表格。

step 12 选择【布局】选项卡，在【对齐方式】组中单击【水平居中】按钮 ⊟，设置表格文本水平居中对齐。

step 13 选中整个表格，打开【设计】选项卡，然后在【表格样式】组中单击【其他】按钮，在弹出的列表框中选择【网格表 1，浅色，着色 1】选项，为表格快速应用该底纹样式。

step 14 选中整个表格，在【设计】选项卡的【表格样式】组中，单击【边框】按钮，在弹出的菜单中选择【边框和底纹】命令。

	下框线(B)
	上框线(P)
	左框线(L)
	右框线(R)
	无框线(N)
	所有框线(A)
	外侧框线(S)
	内部框线(I)
	内部横框线(H)
	内部竖框线(V)
	斜下框线(W)
	斜上框线(U)
	横线(Z)
	绘制表格(D)
	查看网格线(G)
	边框和底纹(O)...

step 15 在打开的【边框和底纹】对话框中选中【边框】选项卡，在【样式】选项区域中选

择一种线型，在【颜色】下拉列表中选择【蓝色】色块，在【预览】选项区域中分别单击【上框线】【下框线】【内部横框线】和【内部竖框线】等按钮，然后单击【确定】按钮。

step 16 此时即可完成边框的设置，效果如下图所示。

step 17 选中表格的第 1、6、11 行，在【表格样式】组中单击【底纹】按钮，从弹出的颜色面板中选择【浅绿】色块。

step 18 此时即可完成底纹的设置，效果如下图所示。

step 19 在快速访问工具栏中单击【保存】按钮，保存文档。

12.2　制作售后服务保障卡

使用 Word 2016 的图文混排功能，通过绘制【矩形】图形来绘制整体背景，然后绘制售后服务保障卡，并插入素材文件，使用文本框工具输入内容文本。

【例 12-2】创建"售后服务保障卡"文档，在其中插入图片等元素。
🎬 视频+素材 (素材文件\第 12 章\例 12-2)

step 1 启动 Word 2016 应用程序，新建一个名为"售后服务保障卡"的文档。

step 2 选择【布局】选项卡，在【页面设置】

组中单击对话框启动器按钮，在打开的【页面设置】对话框的【页边距】选项卡中，将【上】【下】【左】【右】都设置为【1.5 厘米】。

step 3 选择【纸张】选项卡，将【宽度】和【高度】分别设置为【23.2 厘米】和【21.2 厘米】，单击【确定】按钮。

step 4 选择【插入】选项卡，在【页面】组中单击【空白页】按钮，添加一个空白页。

step 5 在【插图】组中单击【形状】下拉按钮，在展开的库中选择【矩形】选项。

step 6 按住鼠标，在文档的第一页中绘制一个与文档页面大小相同的矩形。

step 7 选择【格式】选项卡，在【形状样式】组中单击【形状填充】下拉按钮，在展开的库中选择【渐变】|【从中心】选项。

step 8 单击【形状填充】下拉按钮，在弹出的下拉列表中选择【渐变】|【其他渐变】选项。

step 9 打开【设置形状格式】窗格，在【渐变光圈】选项中将左侧光圈的RGB值设置为216、216、216，将中间光圈的RGB值设置为175、172、172，将右侧光圈的RGB值设置为118、112、112。

step 10 关闭【设置形状格式】窗格，在【插入】选项卡的【插图】组中单击【形状】下拉按钮，在展开的库中选择【矩形】选项，按住鼠标在文档中绘制一个矩形。

step 11 选中刚绘制的矩形，选择【格式】选项卡，在【大小】组中单击【高级版式：大小】按钮。

step 12 打开【布局】对话框，选择【大小】选项卡，在【高度】选项区域中将【绝对值】设置为9.6厘米，在【宽度】选项区域中将【绝对值】设置为21.2厘米。

step 13 在【布局】对话框中选择【位置】选项卡，在【水平】和【垂直】选项区域中将【绝对位置】均设置为【-0.55厘米】，单击【确定】按钮，关闭【布局】对话框。

step 14 在【形状样式】组中单击【设置形状样式】按钮，在打开的【设置形状格式】窗格中单击【颜色】下拉按钮，选择下拉菜单中

的【其他颜色】命令，打开【颜色】对话框，将【颜色】的RGB值设置为 0、88、152，然后单击【确定】按钮。

step 15 关闭【设置形状格式】窗格。选择【插入】选项卡，在【插图】组中单击【图片】按钮，在打开的对话框中选择一个图片文件后单击【插入】按钮。

step 16 在【排列】组中单击【环绕文字】下拉按钮,在弹出的菜单中选择【浮于文字上方】命令。

step 17 在文档中调整该图像的位置,完成后按Esc键取消图像的选择。选择【插入】选项卡,在【文本】组中单击【文本框】下拉按钮,在展开的列表中选择【绘制文本框】命令。

step 18 按住鼠标在文档中绘制一个文本框,并输入文本。选中输入的文本,选择【开始】选项卡,在【字体】组中设置文本的字体为【方正综艺简体】,字号为【五号】。

step 19 选择【格式】选项卡,在【形状格式】组中将【形状填充】设置为【无填充颜色】,将【形状轮廓】设置为【无轮廓】,在【艺术字样式】组中将【文本填充】设置为【白色】,并调整文本框和图片的大小和位置,效果如下图所示。

step 20 选中文档中的文本框,按下Ctrl+C组合键复制文本框,按下Ctrl+V组合键粘贴文本框,并调整复制后的文本框的位置,并将该文本框中的文字修改为"售后服务保障卡"。

step 21 重复步骤 20 的操作，复制更多的文本框，并在其中输入相应的文本内容，完成后效果如下图所示。

step 22 选中并复制文档中的蓝色图形，使用键盘上的方向键调整图形在文档中的位置。选择【格式】选项卡，在【形状样式】组中将复制后的矩形样式设置为【彩色样式-蓝色 强调颜色 1】。

step 23 重复步骤 22 的操作，复制文档中的矩形并调整矩形的大小。右击调整大小后的图形，在弹出的菜单中选择【编辑顶点】命令，编辑矩形图形的顶点，改变图形形状。

step 24 按下回车键，确定图形顶点的编辑。选择【插入】选项卡，在【文本】组中单击【文本框】下拉按钮，在弹出的菜单中选择【绘制文本框】命令，在文档中绘制一个文本框，并在其中输入文本。

step 25 使用同样的方法，在文档中绘制其他文本框，并输入相应的文本。

step 26 在【插入】选项卡的【插图】组中单击【形状】下拉按钮，在弹出的列表中选择【线条】区域中的【直线】选项，按住Shift键在文档中绘制如下图所示的直线。

step 27 选择【格式】选项卡，在【形状样式】组中单击【其他】按钮▽，在弹出的列表中选择【虚线】选项，设置直线的形状样式。

step 28 复制文档中的直线，将其粘贴至文档中的其他位置，完成售后服务保障卡的制作。

12.3 制作宣传单

在 Word 2016 中制作"茶饮宣传单"文档，练习插入图片、SmartArt 图形、文本框等的操作技巧。

【例 12-3】新建"茶饮宣传单"文档，在其中插入图片、SmartArt 图形和文本框等。

🔵 视频+素材 （素材文件\第 12 章\例 12-3）

step 1 启动 Word 2016 应用程序，新建一个空白文档，并将其以"茶饮宣传单"为名保存。

step 2 打开【插入】选项卡，在【插图】组中单击【联机图片】按钮，打开【插入图片】窗口，在搜索框中输入"咖啡"，单击【搜索】按钮🔍。

step 3 此时开始查找电脑与网络上的联机图片，选择 1 张图片，单击【插入】按钮。

step 4 插入该图片，使用鼠标调整边框控制点，调整图片的大小。

step 5 将插入点定位到插入的图片右侧的段落标记位置，按 Enter 键换行。打开【插入】选项卡，在【插图】组中单击【图片】按钮，打开【插入图片】对话框，选择电脑中的图片，单击【插入】按钮。

step 6 此时插入电脑中的图片，如下图所示。

step 7 将插入点定位在文档开头位置。启动IE浏览器，在地址栏中输入http://www.nipic.com/show/1/58/3735604kb88782c3.html，打开所需的网页页面。

step 8 切换到Word文档，打开【插入】选项卡，在【插图】组中单击【屏幕截图】按钮，从弹出的列表框中选择【屏幕剪辑】选项。

step 9 进入屏幕截图状态，灰色区域中显示截图网页的窗口，将鼠标指针移动到需要剪辑图片的位置，待指针变为十字形时，按住左键进行拖动，拖动至合适的位置后，释放鼠标，截图完毕。

step 10 此时即可在文档开头位置中显示所截取的图片。

step 11 选择最下面的图片，打开【图片工具】的【格式】选项卡，在【大小】组中的【形状高度】微调框中输入"2.5厘米"，按Enter键，即可自动调整图片的宽度和高度。

step 12 在【排列】组中，单击【自动换行】按钮，从弹出的菜单中选择【浮于文字上方】命令，此时该图片将浮动在其他图片上。

step 13 将鼠标指针移至该图片上，待鼠标指针变为形状时，按住左键不放，向文档最右侧进行拖动，拖动到合适位置后，释放鼠标，即可调整图片的位置。

step 14 使用同样的方法，设置其他图片的环绕方式为【衬于文字下方】，并使用鼠标拖动调整图片到合适位置，效果如下图所示。

step 15 选中上方的图片，打开【图片工具】的【格式】选项卡，在【大小】组中单击【裁剪】下拉按钮，从弹出的下拉菜单中选择【裁剪为形状】|【云形】选项。

step 16 此时即可将图片裁剪为一个云形，效果如下图所示。

step 17 打开【插入】选项卡，在【插图】组中单击SmartArt按钮，打开【选择SmartArt图形】对话框，在【流程】选项卡中选择【连续块状流程】选项，单击【确定】按钮。

step 18 此时，即可在文档中插入具有【连续

块状流程】样式的SmartArt图形，效果如下图所示。

step 19 在【文本】框处单击，输入文字，并调整图形的大小和位置。

step 20 选中SmartArt图形，打开【SmartArt工具】的【设计】选项卡，在【SmartArt样式】组中单击【更改颜色】按钮，在打开的颜色列表中选择【彩色范围-个性色4至5】选项，为图形更改颜色。

step 21 选择SmartArt图片中的文字框，打开【SmartArt工具】的【格式】选项卡，在【艺术字样式】组中单击【其他】按钮，打开艺术字样式列表框，选择一种样式，为SmartArt图形中的文本应用该艺术字样式。

step 22 打开【插入】选项卡，在【文本】组中单击【文本框】按钮，从弹出的菜单中选择【绘制文本框】命令，将鼠标移动到合适的位置，此时鼠标指针变成十字形，拖动鼠标指针绘制横排文本框，释放鼠标，完成横排文本框的绘制。

step 23 在文本框中输入文本，设置标题字体为【隶书】，字号为【一号】，字体颜色为【灰色,个性色3】；设置类目和正文文本字号为【四号】，字体颜色为【浅蓝】；设置类目文本字形为【加粗】。

step ㉔　右击文本框，在弹出的快捷菜单中选择【设置形状格式】命令，打开【设置形状格式】窗格，在【填充】选项区域中选择【无

填充】选项，完成文档的设置。

step ㉕　在快速访问工具栏中单击【保存】按钮，保存"茶饮宣传单"文档。

12.4　制作公式

在 Word 2016 中可以使用公式工具输入公式。

【例 12-4】在 Word 2016 中制作化学方程式。

🎬 视频+素材　(素材文件\第 12 章\例 12-4)

step ①　启动 Word 2016 应用程序，新建一个空白文档，将其以"化学方程式"为名保存。

step ②　将鼠标指针定位在文档中，打开【插入】选项卡，在【符号】组中单击【公式】下拉按钮，在弹出的下拉菜单中选择【插入新公式】命令。

step ③　打开【公式工具】的【设计】选项卡，此时在文档中出现【在此处键入公式】提示框，在【结构】组中单击【上下标】按钮，在打开的列表框中选择【下标】样式。

step ④　在文本框中插入下标符号，并在文本框中输入公式字符。

step 5 使用同样的方法，输入其他字符。

step 6 将光标定位在末尾处，若光标比正常的还短，需按一下方向键→，使接下来输入的内容向字母看齐，在【结构】组中单击【运算符】按钮，从弹出的下拉列表框中选择【右箭头在下】选项，插入该样式的运算符。

step 7 单击虚线框使之处于选中状态，在【符号】组中单击【其他】按钮▾，在弹出的【基础数学】面板中选择一种化学加热符号，输入该符号至虚线框中。

step 8 将光标定位在右箭头符号的右侧，在箭头右侧部分输入其他字符，完成化学方程式的输入。

step 9 选中制作好的化学方程式，在【工具】组中单击两次【普通文本】按钮 abc，使化学方程式更加美观，最终效果如右图所示。

$$CH_4 + 2O_2 \xrightarrow{\Delta} CO_2 + 2H_2O$$

12.5　编排长文档

在"员工手册"文档中进行如插入封面、创建页眉、插入页码、插入目录等操作，复习编排长文档的内容。

【例 12-5】编排"员工手册"长文档。

视频+素材 （素材文件\第 12 章\例 12-5）

step 1 启动 Word 2016 应用程序，打开"员工手册"文档。

step 2 打开【布局】选项卡，在【页面设置】组中单击对话框启动器按钮，打开【页面设置】对话框。

step 3 打开【页边距】选项卡，在【页边距】选项区域的【上】和【下】微调框中输入"3厘米"，在【左】和【右】微调框中输入"2.9厘米"。

step 4 打开【纸张】选项卡，在【纸张大小】下拉列表框中选择【自定义大小】选项，在【宽度】和【高度】微调框中分别输入"19厘米"和"25厘米"。

step 5 打开【版式】选项卡，在【页眉】和【页脚】微调框中分别输入"1.5 厘米"和"1.75 厘米"。

step 6 打开【文档网格】选项卡，在【网格】选项区域中选中【指定行和字符网格】单选按钮；在【字符数】选项区域中指定每行的字数为 31；在【行数】选项区域中指定每页的行数为 30，单击【确定】按钮。

step 7 此时，即可查看文档页面的效果。

step 8 打开【视图】选项卡,在【文档视图】组中单击【大纲视图】按钮,或单击状态栏上的【大纲视图】按钮,切换至大纲视图。

step 9 在【大纲工具】组的【显示级别】下拉列表框中选择【所有级别】选项,此时将显示所有的文档内容。

step 10 在【大纲】选项卡的【大纲工具】组中,单击【显示级别】下拉按钮,在弹出的下拉列表框中选择【3级】选项,此时标题3以后的标题或正文文本都将被折叠。

step 11 将鼠标指针移至标题3前的符号⊕处双击,即可展开其后的下属文本内容。

step 12 将鼠标指针移动到文本"第一章 总则"前的符号⊕处,双击鼠标,该标题下的文本被折叠。

step 13 使用同样的方法,折叠其他文本。

step 14 单击【大纲】选项卡中的【关闭大纲视图】按钮，关闭大纲视图。打开【插入】选项卡，在【页面】组中单击【封面】按钮，从弹出的【内置】列表框中选择【网格】选项，即可插入封面。

step 15 根据要求，按照提示在封面页的占位符中修改或添加文字。

step 16 打开【插入】选项卡，在【页眉和页脚】组中单击【页眉】按钮，选择【编辑页眉】命令，进入页眉和页脚编辑状态。

step 17 打开【页眉和页脚】工具的【设计】选项卡，在【选项】组中选中【首页不同】和【奇偶页不同】复选框，在奇数页页眉区域中选中段落标记符，打开【开始】选项卡，在【段落】组中单击【边框】按钮，在弹出的菜单中选择【无框线】命令，隐藏奇数页页眉的边框线。

step 18 将光标定位在段落标记符上，输入文字"办公管理——员工手册"，设置文字字体为【华文行楷】，字号为【小三】，字体颜色为【橙色，强调文字颜色6】，单击【下划线】按钮。

step 19 使用同样的方法，设置偶数页页眉。

step 20 打开【页眉和页脚】工具的【设计】选项卡，在【关闭】组中单击【关闭页眉和页脚】按钮，完成奇、偶页页眉的设置。

step 21 打开【插入】选项卡，在【页眉和页脚】组中，单击【页码】按钮，在弹出的菜单中选择【页面底端】命令，在【带有多种形状】类别框中选择【圆角矩形 2】选项，即可在奇数页插入【圆角矩形 2】样式的页码。

step 22 将插入点定位在偶数页，使用同样的方法，在页面底端插入【圆角矩形 2】样式的页码。

step 23 打开【页眉和页脚工具】的【设计】选项卡，在【页眉和页脚】组中单击【页码】按钮，从弹出的菜单中选择【设置页码格式】命令，打开【页码格式】对话框。

step 24 在【编号样式】下拉列表框中选择【-1-,-2-,-3-,...】选项，单击【确定】按钮。

step 25 此时所有页脚中的页码将应用新的页码样式，然后设置奇、偶页页码数字的字体颜色为【白色，背景1】。

step 26 打开【页眉和页脚】工具的【设计】选项卡，在【关闭】组中单击【关闭页眉和页脚】按钮，退出页码编辑状态。

step 27 将插入点定位在标题"员工手册"前，按Enter键换行。

step 28 输入文本"目录"，设置字体为【黑体】，字号为【小二】，字形为【加粗】，并设置居中对齐。

step 29 按Enter键继续换行，打开【引用】选项卡，在【目录】组中单击【目录】按钮，从弹出的菜单中选择【自定义目录】命令。

step 30 打开【目录】对话框的【目录】选项卡，在【显示级别】微调框中输入2，单击【确定】按钮。

step 31 此时在"目录"文本下插入目录。

step 32 选取整个目录，打开【开始】选项卡，

在【字体】组中的【字体】下拉列表框中选择
【华文楷体】选项，在【字号】下拉列表框中
选择【小四】选项，单击【加粗】按钮。

step 33 在【段落】组中单击对话框启动器按
钮，打开【段落】对话框的【缩进和间距】选
项卡，在【间距】选项区域中的【行距】下拉
列表框中选择【固定值】选项，在【设置值】
微调框中输入"25 磅"，单击【确定】按钮。

step 34 此时全部目录将以固定值25磅的行距
显示。

step 35 选中第八章中的文本"法定节假日"，
在【审阅】选项卡的【批注】组中单击【新建
批注】按钮，此时Word会自动显示一个批注框。

step 36 将插入点定位在批注框中，然后输入
文本。

step 37 将插入点定位在第 2 页，打开【设计】选项卡，在【页面背景】组中单击【水印】按钮，从弹出的菜单中选择【自定义水印】命令。

step 38 打开【水印】对话框，选中【文字水印】单选按钮，在【文字】列表框中输入文本，在【字体】下拉列表框中选择【华文隶书】选项，在【字号】下拉列表框中选择 54 选项，在【颜色】面板中选择【橙色，个性色6】色块，并选中【水平】单选按钮，单击【应用】按钮。

step 39 单击【确定】按钮，关闭【水印】对话框，此时将在文档中显示文字水印。

12.6 制作旅游行程

通过制作"旅游行程"文档，巩固使用格式化文本、添加边框和底纹、页面设置、插入图片和表格等知识。

【例 12-6】使用 Word 2016 制作"旅游行程"文档。
视频+素材 (素材文件\第 12 章\例 12-6)

step 1 启动 Word 2016 应用程序，新建一个名为"旅游行程"的文档。

step 2 打开【布局】选项卡，在【页面设置】组中单击对话框启动器按钮，打开【页面设置】对话框。

step 3 打开【页边距】选项卡，在【页边距】选项区域的【上】【下】【左】和【右】微调框中均输入 3 厘米，并且在【方向】选项区域中选择【横向】选项。

step 4 打开【纸张】选项卡，在【纸张大小】下拉列表框中选择【自定义大小】选项，并且在【宽度】和【高度】微调框中分别输入 30 厘米和 20 厘米，单击【确定】按钮，完成页面的设置。

step 5 将插入点定位在页面的首行，输入标题"杭州西湖"，并且设置字体为【华文隶书】，字号为【小二】，居中对齐。

step 6 按 Home 键，将插入点定位在文本开始处，打开【插入】选项卡，在【符号】组中单击【符号】按钮，从弹出的列表框中选择【其他符号】选项，打开【符号】对话框，在【字体】下拉列表框中选择 Wingdings 选项，并在其下的列表框中选择选择一种需要插入的符号，单击【插入】按钮。

step 7 使用同样的方法，在标题末尾处插入符号。

step 8 打开【布局】选项卡，在【页面设置】

组中单击【插入分页符和分节符】按钮 ，在弹出菜单的【分节符】选项区域中选择【连续】命令。

step 9　按Backspace键，将插入点移动到行的开头处，设置字体为宋体，字号为五号。

step 10　打开【布局】选项卡，在【页面设置】组中单击【分栏】按钮，从弹出的菜单中选择【更多分栏】命令，打开【分栏】对话框，在【预设】选项区域中选择【两栏】选项，单击【确定】按钮。

step 11　此时完成分栏的设置，按Enter键，换行后的效果如下图所示。

step 12　将插入点定位在标题的下一行，输入文本内容。

step 13　选中所有的文本，打开【开始】选项卡，在【段落】组中单击对话框启动器按钮，打开【段落】对话框。

step 14　打开【缩进和间距】选项卡，在【缩进】选项区域的【特殊格式】下拉列表框中选择【首行缩进】选项，在【磅值】微调框中输入"2字符"，单击【确定】按钮。

step 15 选中文本"行程安排""行程中涉及的购物点信息""产品价格费用说明"，设置文本字体为【楷体】，字号为【四号】，字形为【加粗】。

step 16 设置第一段文本的字体为【华文楷体】，字体颜色为【蓝色】；设置最后一段文本的字体为【华文彩云】，字号为【三号】，颜色为【红色】；设置文本"第一天"和"第二天"的字形为【加粗倾斜】，字体颜色为【红色】。

step 17 选中文本"第一天"下的文本段落，在【开始】选项卡的【段落】组中单击【项目符号】下拉按钮，从弹出的下拉列表框中选择一种项目符号样式，为文本段落添加项目符号。

step 18 使用同样的方法，为其他文本段落添加项目符号。

step 19 选中开头文字"西"，打开【插入】选项卡，在【文本】组中单击【首字下沉】下拉按钮，从弹出的下拉菜单中选择【首字下沉选项】命令。

step 20 打开【首字下沉】对话框，选择【下沉】选项，在【距正文】微调框中输入"0.3 厘米"，单击【确定】按钮。

step 21 将插入点定位在第一段文本末尾处，打开【插入】选项卡，在【插图】组中单击【图片】按钮，打开【插入图片】对话框，选择需要插入的图片，单击【插入】按钮。

step 22 调整图片的大小，然后右击图片，在弹出的快捷菜单中选择【环绕文字】|【四周型】命令，使文字包围图片。

step 23 将插入点定位在"行程中涉及的购物点信息"下一段，打开【插入】选项卡，在【表格】组中单击【表格】下拉按钮，从弹出的下拉菜单中选择【插入表格】命令。

插入表格

1. 选中

▦ 插入表格(I)...

▨ 绘制表格(D)

▤ 文本转换成表格(V)...

▥ Excel 电子表格(X)

▦ 快速表格(T) ▶

step 24 打开【插入表格】对话框，在【列数】和【行数】文本框中分别输入 4 和 3，单击【确定】按钮。

插入表格 ? ×

表格尺寸

1. 输入

列数(C): 4

行数(R): 3

"自动调整"操作

◉ 固定列宽(W): 自动

○ 根据内容调整表格(F)

○ 根据窗口调整表格(D)

☐ 为新表格记忆此尺寸(S)

2. 单击

确定   取消

step 25 此时在文档中插入表格，然后在表格中输入文本。

step 26 选中插入的表格，打开【表格工具】的【设计】选项卡，在【表格样式】组中单击【其他】按钮，从弹出的表格样式列表框中选择【网格表 4，着色 1】选项。

step 27 此时为表格快速应用选中的样式，效果如下图所示。

step 28 选中标题文字，打开【开始】选项卡，在【段落】组中单击【边框】下拉按钮，从弹出的菜单中选择【边框和底纹】命令。

step 29 打开【边框和底纹】对话框，打开【边框】选项卡，在【设置】选项区域中选择【方框】选项，在【样式】下拉列表中选择一种样式，在【宽度】下拉列表框中选择【1.5 磅】选项，在【应用于】下拉列表框中选择【文字】选项，单击【确定】按钮。

step 30 此时为标题文字添加边框，效果如下图所示。

step 31 选中"行程安排""行程中涉及的购物点信息""产品价格费用说明"段落文本，然后在【开始】选项卡的【段落】组中单击【边框】下拉按钮，从弹出的下拉菜单中选择【边框和底纹】命令，打开【边框和底纹】对话框的【底纹】选项卡，在【填充】选项区域中选择【白色，背景1，深色35%】色块，在【样式】列表框中选择【10%】选项，单击【确定】按钮。

step 32 此时为文本段落添加底纹，效果如下图所示。

step 33 打开【插入】选项卡，在【插图】组中单击【形状】下拉按钮，从弹出的【箭头总汇】下拉列表框中选择【虚尾箭头】选项。

step 34 按Ctrl键，在文档标题处拖动鼠标绘制箭头，选择绘制的图形，按Ctrl+C组合键复制图形，然后按Ctrl+V组合键粘贴图形至其他位置。

step 35 右击复制的图形，从弹出的快捷菜单中选择【设置形状格式】命令，打开【设置形状格式】窗格，在【三维旋转】选项区域的【X旋转】框中输入180°。

step 36 此时调整箭头图形的位置，效果如下图所示。

step 37 打开【插入】选项卡，在【页眉和页脚】组中单击【页眉】下拉按钮，从弹出的下拉菜单中选择【编辑页眉】命令，进入页眉和页脚编辑状态。在页眉区中输入文本，设置文

字字体为【华文隶书】，字号为【四号】，字体颜色为【绿色】。

step 38 打开【页眉和页脚工具】的【设计】选项卡，在【关闭】组中单击【关闭页眉和页脚】按钮，退出页眉和页脚的编辑状态，此时文档制作完成，效果如下图所示。

12.7 制作房地产宣传页

下面介绍使用 Word 2016 制作房地产宣传页的操作方法。

【例 12-7】 在 Word 2016 中制作一个名为"房地产宣传页"的文档。

📹 视频+素材 （素材文件\第 12 章\例 12-7）

step 1 启动 Word 2016 应用程序，新建一个名为"房地产宣传页"的文档。

step 2 选择【布局】选项卡，在【页面设置】组中单击对话框启动器按钮 ，打开【页面设置】对话框的【纸张】选项卡，设置【纸张大小】的宽度为 41.99 厘米，高度为 29.7 厘米。

step 3 选择【页边距】选项卡，在【页边距】选项区域中，将【上】【下】【左】和【右】微调框均设置为 1 厘米，在【纸张方向】选项区域中选择【横向】单选按钮，然后单击【确定】按钮。

step 4 选择【插入】选项卡，在【插图】组中单击【形状】下拉按钮，从弹出的【基本形状】下拉列表框中选择【矩形】选项，在文档中绘制矩形。

step 5 选择【格式】选项卡，在【大小】组中设置图形的【形状高度】为【25.8 厘米】，【形状宽度】为【17.5 厘米】。

step 6 在【形状样式】组中单击【设置形状样式】按钮，打开【设置图片格式】窗格，展开【填充】选项区域，选择【图片或纹理填充】单选按钮，然后单击【文件】按钮。

step 7　打开【插入图片】对话框，选择一张图片，然后单击【插入】按钮，为绘制的图形设置填充图案。

step 8　绘制一个高度为 238 毫米、宽度为 160 毫米的矩形，并按住鼠标指针拖动，调整其在文档中的位置。

step 9　重复上面的操作，在【设置图片格式】窗格为新绘制的矩形设置填充图案。

step 10　绘制一个高度为 23.8 厘米，宽度为 16.3 厘米的矩形，并为其设置填充图案。

step 11　选中上面的图案，在【设置图片格式】

窗格中展开【映像】选项区域，单击□▾按钮，在展开的库中选择【半映像】选项。

step 12　选择【插入】选项卡，在【插图】组中单击【图片】按钮，在文档中插入一个标志图片，并调整其位置。

step 13　选中文档中的所有对象，右击鼠标，在弹出的菜单中选择【组合】|【组合】命令，组合对象。按Ctrl+C组合键复制组合后的对象，并按Ctrl+V组合键进行粘贴，然后调整两个对象的位置。

step 14 在【文本】组中单击【艺术字】下拉
按钮，在展开的库中选择一种艺术字样式，在
文档中插入一行艺术字，并在【开始】选项卡
的【字体】组中设置【字体】为【华文中宋】，
设置【字号】为【小一】。

step 15 重复步骤 14 的操作，在文档中插入其
他艺术字，并设置艺术字的字体格式，完成后
的效果如下图所示。

step 16 选择【插入】选项卡，在【插图】组
中单击【图片】按钮，打开【插入图片】对话
框，在文档中插入一张图片。

step 17 选择【格式】选项卡，在【排列】组
中单击【环绕文字】下拉按钮，在弹出的菜单
中选择【浮于文字上方】命令，并调整文档中
插入图片的大小和位置。

step 18 重复步骤 16、17 的操作，在文档中插
入其他图片，效果如下图所示。

形投影】选项，最后的图片效果如下图所示。

step 19 选中步骤 18 中插入的图片，选择【格式】选项卡，在【图片样式】组中选择【矩

12.8　制作广告宣传手册

通过在 Word 2016 中制作广告宣传手册，巩固设置页面大小、设置页面主题与边框、制作标题文字、编辑正文文本、插入图片和文本框等内容。

【例 12-8】在 Word 2016 中制作一个广告宣传手册。
📹 视频+素材　(素材文件\第 12 章\例 12-8)

step 1 启动 Word 2016 应用程序，新建一个名为"广告宣传手册"的文档。

step 2 打开【布局】选项卡，单击【页面设置】组中的对话框启动器按钮，打开【页面设置】对话框，在【页边距】中的【上】和【下】微调框中均输入 2.7 厘米，在【左】和【右】微调框中均输入 3.2 厘米。

step 3 选择【版式】选项卡，在【页眉和页脚】选项区域中选中【奇偶页不同】和【首页不同】复选框，并将页眉和页脚与边界的距离设置为 2 厘米，单击【确定】按钮，完成页面大小的设置。

step 4 打开【设计】选项卡，在【页面背景】组中单击【页面颜色】按钮，在弹出的下拉菜单中选择【填充效果】命令。

step 5 打开【填充效果】对话框，选择【图案】选项卡，在【图案】选项区域中选择第1种图案；在【前景】下拉列表框中选择紫色色块，单击【确定】按钮，完成页面背景的填充。

step 6 打开【插入】选项卡，在【页眉和页脚】组中单击【页眉】按钮，在下拉菜单中选

择【空白】选项。

step 7 此时添加了页眉，进入页眉和页脚编辑状态。

step 8 打开【开始】选项卡，在【段落】组中单击【边框和底纹】下拉按钮，在下拉菜单中选择【边框和底纹】命令，打开【边框和底纹】对话框，选择【边框】选项卡，在【设置】

选项区域中选择【无】选项，然后单击【确定】按钮。

step 9　此时页眉上的框线被取消，效果如下图所示。

step 10　选择【插入】选项卡，单击【图片】按钮，打开【插入图片】对话框，选择一张图片，然后单击【插入】按钮。

step 11　此时将图片插入文档中，打开【图片工具】选项卡，在【大小】组中设置高度和宽度都为 8 厘米。

step 12　选择【格式】选项卡，在【排列】组中单击【环绕文字】按钮，在弹出的下拉菜单中选择【浮于文字上方】命令。

step 13　调整图片的位置，在【调整】组中单击【颜色】按钮，在下拉菜单中选择【冲蚀】选项。

step⑭ 在【页眉和页脚工具】的【设计】选项卡中单击【关闭】按钮，退出页眉和页脚的编辑状态，此时页面效果如下图所示。

step⑮ 将插入点定位在第1行，选择【插入】选项卡，单击【图片】按钮，打开【插入图片】对话框，选择一张图片，然后单击【插入】按钮。

step⑯ 选中图片，在【开始】选项卡的【段落】组中单击【居中】按钮，设置图片居中显示。

step⑰ 将插入点定位在所插入图片的下一行，选择【插入】选项卡，在【文本】组中单击【艺

术字】按钮，在下拉菜单中选择一种样式。

step⑱ 在艺术字文本框中输入文本，调整文本框的位置。

step⑲ 选中艺术字，选择【绘图工具】的【格式】选项卡，在【形状样式】组中单击【其他】下拉按钮，选择一种样式，改变艺术字的样式。

step 20 打开【开始】选项卡，在【段落】组中单击【边框和底纹】下拉按钮，从弹出的下拉列表中选择【边框和底纹】命令，打开【边框和底纹】对话框。

step 21 选择【页面边框】选项卡，在【设置】选项区域中选择【方框】选项，在【艺术型】下拉列表框中选择一种艺术型，在【应用于】下拉列表框中选择【本节-仅首页】选项，然后单击【确定】按钮，为首页应用边框。

step 22 为首页应用边框后的效果如下图所示。

step 23 将插入点定位在第 2 页，双击页眉部位，进入偶数页页眉和页脚编辑状态，使用前面的方法，删除偶数页中页眉处的横线。

step 24 将光标定位在页眉区域，输入"美食攻略餐厅"，设置字体为【华文新魏】，字号为【三号】，字形为【加粗】，字体颜色为【绿色】。

step 25 将光标定位在文字开头，打开【插入】选项卡，在【符号】组中单击【符号】下拉按钮，选择【其他符号】命令。

step 26 打开【符号】对话框，选择一种符号，单击【插入】按钮，在页眉处插入符号。

step 27 使用同样的方法，在页眉文字末尾处插入符号，然后单击【关闭】按钮，关闭【符号】对话框，显示页眉文本。

step 28 打开【插入】选项卡，在【插图】组中单击【形状】下拉按钮，在弹出的列表中选择【直线】选项，在页眉文字下绘制一条直线。

step 29 打开【绘图工具】的【格式】选项卡，在【形状样式】组中单击【其他】下拉按钮，在弹出的列表中选择一种样式。

step 30 将插入点移至偶数页的页脚中，在【插图】组中单击【形状】下拉按钮，在弹出的列表中选择【矩形】选项，在页脚位置左下角绘制 1 个矩形。

step 31 右击矩形，在弹出的快捷菜单中选择【设置形状格式】命令，打开【设置形状格式】窗格，在【填充】选项区域中选中【纯色填充】单选按钮，单击【颜色】按钮，选择【蓝色，个性色 1】选项。

step 32 右击页眉中的线条，在弹出的快捷菜单中选择【设置形状格式】命令，打开【设置形状格式】窗格，在【线条】选项区域中选中【实线】单选按钮，单击【颜色】按钮，选择【水绿色，个性色5】选项。

step 33 此时偶数页页脚和页眉的线条如下图所示。

step 34 偶数页的页眉和页脚制作完成后，使用同样的方法，设置第 3 页的页眉和页脚，即奇数页的页眉和页脚，效果如下图所示。

step 35 将插入点定位到偶数页页脚位置，在【插入】选项卡中单击【文本框】下拉按钮，选择【绘制文本框】命令，在矩形处绘制一个文本框，将插入点定位在文本框中。

step 36 在文本框中输入"2"，右击，选择【设置形状格式】命令，打开【设置形状格式】窗格，在【填充】选项区域中设置文本框为【无填充】，此时矩形内显示页码数字。

step 37 使用相同的方法在奇数页页脚处添加页码，效果如下图所示。

step 38 在【页眉和页脚】的【设计】选项卡中单击【关闭页眉和页脚】按钮,退出页眉和页脚的编辑状态。

step 39 将插入点定位在第 2 页开头处,选择【插入】选项卡,在【文本】组中单击【艺术字】按钮,在下拉菜单中选择一种样式。

step 40 输入文本,设置其字体为【汉仪中楷简】,字号为【一号】。

step 41 将插入点定位到下一行,输入文本,然后选中前两段文本,打开【字体】对话框,设置文本字体为【楷体】,字号为【三号】,字形为【加粗】,字体颜色为【紫色】,然后单击【确定】按钮。

step 42 选取其他文本,打开【字体】对话框。设置字体为【隶书】,字号为【五号】,字形为【加粗】,字体颜色为【橙色,个性色 6】,然后单击【确定】按钮。

step43 在【开始】选项卡的【段落】组中单击对话框启动器按钮，打开【段落】对话框的【缩进和间距】选项卡，在【特殊格式】下拉列表框中选择【首行缩进】选项；在【缩进值】微调框中输入"2字符"，然后单击【确定】按钮，为文本设置段落缩进。

step44 打开【插入】选项卡，在【插图】组中单击【形状】下拉按钮，选择【心形】选项，在文字下方绘制一个心形。

step45 使用鼠标调整心形的大小和位置，右击，在弹出的快捷菜单中选择【设置形状格式】命令。

step46 打开【设置形状格式】窗格，在【填

充】选项区域中选中【纯色填充】单选按钮，单击【颜色】按钮，选择【红色】选项。在【线条颜色】选项区域中选中【无线条】单选按钮。

step47 打开【插入】选项卡，在【插图】组中单击【形状】下拉按钮，选择【圆角矩形】选项，在心形旁绘制一个圆角矩形。

step48 使用鼠标调整圆角矩形的大小和位

置，右击，在弹出的快捷菜单中选择【设置形状格式】命令。

step 49 打开【设置形状格式】窗格，在【填充】选项区域中选中【纯色填充】单选按钮，单击【颜色】按钮，选择【其他颜色】命令。

step 50 打开【颜色】对话框，从中选择一种淡蓝色色块，单击【确定】按钮。

step 51 返回【设置形状格式】窗格，打开【效果】的【阴影】选项区域，在其中设置阴影选项。

step 52 右击圆角矩形，从弹出的快捷菜单中选择【添加文字】命令，在其中添加文字，并且设置字体为【华文新魏】，字号为【五号】。效果如下图所示。

step 53 将插入点定位在第 3 页开始处，打开【插入】选项卡，单击【图片】按钮，打开【插入图片】对话框，在其中选择一幅图片，单击【插入】按钮。

step 54 选中该图片，在【图片工具】的【格式】选项卡中单击【环绕文字】按钮，在下拉菜单中选择【浮于文字上方】命令。

step 55 使用鼠标调整图片的位置和大小，效果如下图所示。

step 56 打开【插入图片】对话框，在其中选择一幅图片，单击【插入】按钮。

step 57 选中该图片，在【图片工具】的【格式】选项卡中单击【环绕文字】按钮，在下拉菜单中选择【浮于文字上方】命令。

step 58 使用鼠标调整图片的位置和大小，效果如下图所示。

step 59 使用同样的方法，插入其他图片，并设置图片浮于文字上方。

step 60 打开【插入】选项卡，单击【文本框】下拉按钮，在弹出的列表中选择【绘制文本框】命令，在文档中绘制一个文字区域。

step 61 输入文本内容，设置字体为【小四号】，字体颜色为【红色】，且居中对齐。

step 62 右击文本框，在弹出的快捷菜单中选择【设置形状格式】命令，打开【设置形状格式】窗格，设置无填充和无线条。

step 63 使用同样的方法，绘制其他的文本框，输入文本并设置格式。